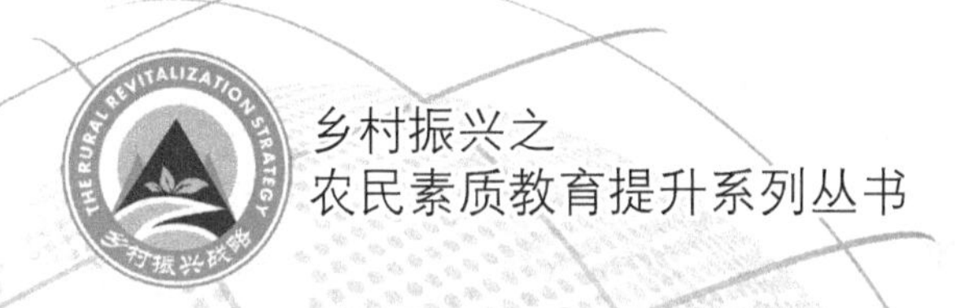

乡村振兴之
农民素质教育提升系列丛书

农村资源利用与环境保护

◎ 王文军　俞成乾　张桂娥　主编

中国农业科学技术出版社

图书在版编目（CIP）数据

农村资源利用与环境保护／王文军，俞成乾，张桂娥主编．—北京：中国农业科学技术出版社，2020.8（2021.7 重印）

（乡村振兴之农民素质教育提升系列丛书）

ISBN 978-7-5116-4857-0

Ⅰ.①农…　Ⅱ.①王…②俞…③张…　Ⅲ.①农业资源-资源利用-研究-中国②农业环境保护-研究-中国　Ⅳ.①F323.2②X322.2

中国版本图书馆 CIP 数据核字（2020）第 120356 号

责任编辑　徐　毅
责任校对　马广洋

出 版 者　中国农业科学技术出版社
北京市中关村南大街 12 号　邮编：100081
电　　话　(010)82106631(编辑室)　(010)82109702(发行部)
(010)82109709(读者服务部)
传　　真　(010)82106631
网　　址　http://www.castp.cn
经 销 者　各地新华书店
印 刷 者　北京建宏印刷有限公司
开　　本　850 mm×1 168 mm　1/32
印　　张　6
字　　数　155 千字
版　　次　2020 年 8 月第 1 版　2021 年 7 月第 3 次印刷
定　　价　30.00 元

《农村资源利用与环境保护》

编　委　会

主　编：王文军　俞成乾　张桂娥

副主编：王建瓯　尹承华　严永红

周　霞　宋建军　高建美

彭　程

编　委：康中义　胡承贤　张祥光

刘　东　李　英　熊朝晖

毕文平　苑　鹤

前　言

《中共中央国务院关于实施乡村振兴战略的意见》发布，强调乡村振兴，生态宜居是关键。良好生态环境是农村最大优势和宝贵财富。目前，社会经济高速发展，农民的生活、生产方式发生了很大变化。各种污染问题在农村地区层出不穷，农村地区的自然环境也日益恶化。众多环境问题的存在不仅制约着农村经济的持续发展，而且在很大程度上威胁着广大居民的身体健康。为此，着力治理农业农村污染成为实施乡村振兴战略、整治农村人居环境需要优先解决的问题。

本书首先介绍了我国农村资源和环境概况；其次从农村生活垃圾的资源化利用、畜禽废弃物的资源化利用、农作物秸秆的资源化利用、农村沼气能源开发利用等方面阐述了农村资源利用方式；接着从农村水环境问题及污水处理技术、农田土壤污染及防治、农用化学品污染及其防治等方面提出了农村环境保护措施。本书语言通俗、内容丰富，希望能让广大农民朋友看得懂、用得上。

由于时间仓促，水平所限，书中难免存在不足之处，欢迎广大读者批评指正。

编　者

2020 年 4 月

目　　录

第一章　我国农村资源和环境概况

第一节　农村当前面临的主要环境问题

改革开放以来，我国农村经济得到了飞速发展，农民的生活质量得到了提高，但这在一定程度上对农村环境造成破坏。农村发展中的环境问题对生活和生产已经造成了严重的影响。

一、自然生态环境的破坏

农村生态环境指的是农业生物赖以生存的大气、水源、土地、光、热以及农业生产者劳动与生活的环境，包括广大的农村、农区、牧区、林区等，它是自然环境的一个重要组成部分。

一个地区只有生态系统平衡才能稳定持续发展。目前，我国农村地区由于自然本身和人为因素，导致多地区自然灾难频发，带来了巨大的损失。水土流失，土地沙漠化，雾霾天气等问题日益突出。在资源开发的过程中对土地造成了大面积的破坏，森林覆盖率降低，虽然人工造林的力度在不断增加，但草场的质量和功能在下降。由于人多地少的基本国情，生活生产需要更多的土地来维持正常的状态和水平，土地的开发已达到限度。为了追求更高的经济效益和产量，不断地加大化肥和农药的投入，化肥和农药的不正确使用，不仅污染了农田的土质，而且还造成了地下水资源和大气的污染。

二、环境污染和破坏

（一）工业的“三废”污染

随着农村经济的发展，农村产业结构也发生相应的变化，乡镇村办企业如雨后春笋般地蓬勃发展，随之而来的是工业“三废”（即废气、废水、废渣）对农村的污染。如砖瓦厂、石灰厂、水泥厂、花岗岩板材厂等建材企业的投产，增加了农村大气中的灰尘浓度，生产过程中还可产生烟雾、二氧化硫、一氧化碳等有害气体污染大气，尤其是城市周围的农村污染更为严重。集体或个体开办的各种小煤矿、汞矿、锰矿、金矿等排出的废水以及小型电镀企业排出的含铬废水都可能污染水源，有的甚至还污染农作物，在各类食物中残留。

（二）农药污染

在农业生产中，农药、化肥的使用对农村生态环境的危害不容小视。随着近些年农业生产中农药产品的不断应用和改善，农民对农药和化肥产生了过度的依赖。例如，为农作物除草、除虫这种农业活动，本该人工在田间地头进行劳作，现在则是使用除草剂、杀虫剂等化学手段来取而代。农药和化肥中含有大量的有害物质，它们将残留在土壤中，破坏土壤自身能力，并降低农作物产量，周而复始，土壤形成了一种恶性循环。

（三）生活废弃物的污染

在生活中，各种污水和生活垃圾的处理也不那么乐观。很多农村地区的生活污水习惯性的肆意处理，有的会随着下水道口排除，但下水道口竟形成了泥泞的“小河流”，这种现象并没有起到排污处理，更有甚者加重了周围河流的污染。与污水相比，另一种严重威胁农村生态环境的就是各种各样的垃圾，包括生活垃圾、养殖垃圾和秸秆杂草等。由于农民的环保意识淡薄，一些生活垃圾和电池等电子垃圾未经分类就被肆意丢弃。一般农民在收

割后就近对麦秸秆进行焚烧，部分还未来得及焚烧的秸秆经过雨水的侵袭后腐烂，这也在一定程度上加重了污染。

（四）人畜粪便的污染

农村以集中圈养为主，散养为辅，养殖业的污水要么肆意排放，要么通过简易的装置排放，养殖地多处形成污水小河沟，有些并散发着难闻的气味，严重影响了周边的环境。

第二节　造成农村环境问题的主要因素

学者们从农业现代化角度把农村生态环境问题分成农村工业化生产过程中造成的直接环境污染、农村自然资源的直接开发利用过程所带来的生态环境破坏以及与农村工业化相适应的农业现代化对生态环境的影响三大类。而造成农村环境问题的主要因素有以下4个方面。

一、农业生产与农民生活自身造成的污染

自身污染主要由农药、化肥的过量使用以及在生活过程中燃料的使用等引起。农村垃圾规模小、广泛分散等特点，对垃圾处理技术提出了很高的要求。但是目前并没有针对农村垃圾问题进行专门研究和治理的机构，农村生活垃圾的处理基本是随意排放，主要依靠环境的自净能力，处理能力极为有限，治理难度很高。

二、农村地区工业企业的污染

工业污染主要有乡镇企业污染以及其他工业污染。大部分乡镇企业是高投入、高排放，对农村环境污染较大。这在20世纪90年代尤为突出。还有一些如资源开采型的企业，在进行资源开采的过程中，由于油气泄露等问题会污染当地农村的地下水。

三、城市污染向农村转移

进入21世纪，随着城市污染产业向农村转移，农村工业污染特点和性质发生了根本转变。随着城市产业结构调整，一些耗能高、污染重、难以治理的企业迁移到农村，给农村环境带来严重污染。另外，城市垃圾和废物存在不同程度的“下乡”现象，即以农村为城市垃圾的堆放地，或进行简单的掩埋，也对农村的耕地、水源和空气造成了污染。

四、农民生态环境保护意识薄弱

由于受传统观念和习俗的影响，农民往往对环境保护的重要性认识不够、对环境污染和破坏的严重后果估计不足、环保知识贫乏、对环保相关的专业知识、法律法规、政策等几乎不了解，也是导致农村生态环境问题的原因。

此外，农村环境保护资金不足、基础设施不到位等，也是农村生态环境问题严重的原因。

第三节　解决农村环境问题的主要办法

一、发展绿色农业经济，构建循环型农业生产体系

促进农村经济发展迫在眉睫，但传统的农业发展方式对农村生态环境造成威胁，因而发展绿色农业是改善农村环境现状的重要途径。首先是重视农业效率的提升，节约农村劳动力，保护农村生态环境。其次是着力发展循环型农业生产，循环型农业生产旨在保护环境的前提下充分利用资源，节约生产成本，保证农业效益。

二、加大财政投入，构建多元化投资渠道机制

长期以来，农村环境治理的资金主要来源于政府。但国家财力有限，为有效治理农村环境，国家必须发挥社会组织、企业、银行的作用，建立多渠道环境治理融资体系。首先是国家政府应适当增强对于农村环境治理投资力度，改变之前城乡环境投资比例不合理的现状。其次，地区经济状况较为富裕的农村社区可自己筹集资金。同时，国家可运用经济手段如税收、价格杠杆等，鼓励企业与银行参与农村环境治理。政府对于农村环境基础设施建设的企业，给予一定的政策优惠，对于生产排污的企业，本着“谁污染谁治理”的原则，对污染者进行收费。

三、完善政府环保管理体系，建立监督反馈机制

农村环境治理缺乏相应的执法主体，基层环境治理工作难以落实。因此，中央政府应督促地方环保部门加强执法工作的落实。政府应不断提升管理工作人员的执法水平，使其在工作中依法办事，坚决抵制各种腐败行为，对于触犯法律条规的办事人员给予严厉惩处。在完善环保体系的同时，可建立监督反馈机制以便纠正管理偏差。在各层级环保机构设立监督机制，监督机制包括中央与地方双向监督、地方政府与环保机构之间相互监督。如在县一级地方政府设立专门的环保机构，将政府各单位部门的环保工作进行要素重组，以便全面管理农村环境整治工作，形成环保机构与政府之间协商配合的治理环境体系，两者之间相互监督。

四、协同社会力量共治农村环境，贯彻绿色发展新理念

一是通过法律赋予其治理农村环境的合法性。国家应建立与完善关于非政府组织治理农村环境的法律条例，将其环境治理权

力纳入法规中，为非政府组织行为提供法律解释路径。二是赢得社会群众的信任，是巩固非政府组织社会地位的重要途径与手段。三是非政府组织通过扩充融资渠道与引进人才来加强组织建设工作，从而发挥自身作用。四是科研院所加强对农村环保技术研究与创新，并将其推广到具体的实践操作中。

五、加强环境宣传保护力度，强化农民环境意识

农民群众是参与环境治理的一股坚定力量，他们扎根农村时间长，对村中环境较为熟知。政府提升村民的素质，可从两方面着手：一是逐步提升农民环境保护意识。主要是让农民意识到环境质量与村民生活息息相关。村民在日常的生产生活中应尊重自然环境，不要以牺牲环境为代价去发展农业生产，对于农业生产中的污染废弃物进行合理归置与处理。二是政府应采用多种手段切实加强环保宣传教育。政府在宣传教育的过程中，应重视宣传的手段与内容。宣传的环保内容应涉及多方面，如环境保护法律条例、农业绿色生产方式、村民环保生活方式等。

第二章　农村生活垃圾的资源化利用

第一节　农村生活垃圾的分类

在生活垃圾的大家族中，成员相当繁多，可以根据不同的分类标准和方法对其进行分类。

一、按垃圾产生区域不同

按垃圾产生区域不同，生活垃圾可分为城市生活垃圾和村镇生活垃圾或农村生活垃圾。

（一）城市生活垃圾

城市生活垃圾，不仅是指城市居民日常生活中产生的固体废物，还包括为城市日常生活提供服务的活动的市政建设和维护、商业活动、市区园林绿化及市郊耕种生产、医疗、旅游娱乐等过程中产生的固体废物，包括城市居民家庭、餐饮服务业、旅游业、市政环卫业、交通运输业、建筑垃圾、水处理污泥、企事业单位办公和灰尘等物质都属于城市生活垃圾，但不包括工厂排出的工业固体废弃物。

城市是人类社会主要的经济和生活活动的中心，是人类文明的集中地，也是工业、商业、交通汇集的非农业人口聚居的地方。堆积如山的垃圾，带给人们的不仅仅是感官上的厌恶和精神上的困扰，更为严重的是会对整个城市的生态系统造成消极负面的破坏性影响，成为城市发展过程中沉重的负担，并最终威胁人们的健康。据统计，我国是世界上垃圾包袱最沉重的国家之一，城市垃圾年产量 20 世纪 80 年代为 1.15 亿吨，90 年代已达 1.43 亿吨，目前，城市垃圾排放量已超过了 1.8 亿吨。按此计算，1.8 亿吨除以 4 吨（一辆卡车的载重量）等于 4 500万辆；4 500万辆乘以 5 米（每辆卡车长度）等于 22 万千米。据预测，在未来十多年我国城市垃圾总量仍将以每年 5%～8%的幅度递增。生活垃圾已经表现出侵占土地、污染土地、大气、水资源、影响环境卫生等重要的城市生态问题，人们也将深切地感受到垃圾给人们生活及健康安全带来的切肤之痛。

城市生活垃圾污染与废水、尾气废气的污染不同，其污染具有呆滞性较大、扩散性较小、影响时间较长等特性，它对环境和人类的污染主要通过水、气、土壤及食物链的方式进行的。

（二）农村生活垃圾

随着村镇居民生活消费水平的提高以及各种日用消费品的普及，村镇生活垃圾产量也是逐年增加，其组成也逐步趋近于城市生活垃圾。城乡生活水平存在巨大差异，农村生活垃圾的管理和处理与城市的差异也很大。农村生活垃圾的主要特性为：产生源点多、量大，组分复杂，布局分散，不利收集。从调查的情况分析，村镇生活垃圾容易受燃料种类、局部开发、节令变化、集市贸易等因素的影响，在产量和组分上发生较强的波动。此外，由于我国幅员辽阔，地区间经济发展、生活习惯、自然地理、气候情况等差距较大，造成不同区域村镇生活垃圾产生状况与组分有其各自的特点，这决定了村镇生活垃圾处理技术和管理模式的多样性和复杂性。

农村生活垃圾收运设施数量严重不足，收运过程密闭化和机械化程度低，各项设施不配套。如许多小城镇缺乏必要的垃圾收集桶、果皮箱，居民将生活垃圾任意倾倒在街头巷尾、房前屋后。一些地区用垃圾桶或敞开式垃圾坑代替小型转运站，而由于

垃圾桶/坑容积有限、无专人管理，又成为新的污染源。垃圾清理和运输基本以人力、手工作业为主，不仅劳动强度大，收运也不及时。运输过程中，由于车辆密封性差，垃圾中的灰尘和渗滤液沿街滴洒飘散，更加剧了小城镇街区环境脏乱差的局面。

二、按垃圾产生源的不同

根据垃圾产生源的不同，我国将生活垃圾主要分为团体垃圾、街道保洁垃圾和居民生活垃圾三大类。

团体垃圾则是指机关、团体、学校和第三产业等在工作和生活过程中产生的废弃物，其成分随发生源不同而发生变化。这类垃圾与居民生活垃圾相比，往往成分较为单一，平均含水量较低，易燃物较多。

街道保洁垃圾主要来自于清扫马路，街道和小巷路面，其成分与居民生活垃圾相似，但是泥沙、枯枝落叶和商品包装物较多，易腐有机物较少，平均含水量较低。

居民生活垃圾来自居民生活过程中的废弃物，主要有易腐有机垃圾、煤灰、泥沙、塑料、纸类等组成。它在城市生活垃圾中不仅数量占居首位，而且成分最为复杂，其成分构成易受时间和季节影响，变化大且不均匀。

三、按生活垃圾的性质

可以根据生活垃圾的化学成分、热值等性质指标进行分类。

按热值可分为高位热值和低位热值垃圾。低位热值垃圾指单位质量有机垃圾完全燃烧后，燃烧产物中的水分冷却为 20℃ 的水蒸气所释放的热量；同样将其水分冷凝为 0℃ 的液态水所释放的热值为高位发热值。生活垃圾发热值对分析垃圾的燃烧性能，对能否采用焚烧处理工艺提供重要依据。

按化学组分可分为有机和无机垃圾，其成分见表 2-1。

表 2-1 生活垃圾分类

分类	项目	成分
无机物	玻璃	碎片、瓶、管、镜子、仪器、球、玩具等
	金属	碎片、铁丝、罐头、零件、玩具、锅等
	砖瓦	石块、瓦、水泥块、缸、陶瓷件、石灰片
	炉灰	炉渣、灰土等
	其他	废电池、石膏等
有机物	塑料	薄膜、瓶、管、袋、玩具、鞋、录音带、车轮等
	纸类	包装纸、纸箱、信纸、卫生纸、报纸、烟纸等
	纤维类	破旧衣物、布鞋等
	有机质	蔬菜、水果、动物尸体与毛发、废弃物品、竹木制品等

四、按处理及资源化方式的不同

国内外通常依处理和处置方式或者资源化回收利用的可能性来对生活垃圾进行简易分类，这种分类标准和种类并不统一，可根据地区差异有所差别。例如，可分为可回收物、餐厨垃圾、有害垃圾和其他垃圾等。

（一）可回收物

可回收物指再生利用价值较高，能进入回收渠道的垃圾。家庭中常见的可回收物包括：纸类（报纸、传单、杂志、旧书、纸板箱及其他未受污染的纸制品等）、金属（铁、铜、铝等制品）、玻璃（玻璃瓶罐、平板玻璃及其他玻璃制品）、除塑料袋外的塑料制品（泡沫塑料、塑料瓶、硬塑料等）、橡胶及橡胶制品、牛奶盒等利乐包装、饮料瓶（可乐罐、塑料饮料瓶、啤酒瓶等）等。

随着城市大规模建设的发展，建筑垃圾排放量增长迅猛，成为城市发展必须要面对的问题。在国外发达国家，建筑垃圾中的

许多废弃物经过分拣、剔除或粉碎后，大多可作为再生资源重新利用。日本对于建筑垃圾的主导方针是：尽可能不从施工现场排出建筑垃圾；建筑垃圾要尽可能的重新利用；对于重新利用有困难的则应适当予以处理。如港埠设施以及其他改造工程的基础设施配件，大都利用再循环的石料，来代替相当量的自然采石场砾石材料。美国住宅营造商协会开始推广一种"资源保护屋"，其墙壁是用回收的轮胎和铝合金废料建成的，屋架所用的大部分钢料是从建筑工地上回收来的，所用的板材是锯末和碎木料加上20%的聚乙烯制成，屋面的主要原料是旧的报纸和纸板箱。这种住宅不仅利用了废弃的金属、木料、纸板等建筑垃圾，而且比较好地解决了住房紧张和环境保护之间的矛盾。

（二）餐厨垃圾

家庭、饭店、单位食堂等饮食单位产生的食品残余物，一般统称为厨余垃圾，其中，被煮熟而未被食用丢弃的为餐厨垃圾。厨余垃圾的化学组分主要为淀粉、纤维素、蛋白质、脂类和无机盐等，具有含水率高、易腐败等特点。随着经济的发展及生活水平的提高，厨余垃圾的产生量持续增加，目前世界各国绝大部分城市垃圾中餐厨垃圾的比例已经占到了40%左右。因此，餐厨垃圾的处理日益受到各界关注，在我国很多城市的垃圾分类中，也往往把厨房垃圾单独列出一类。

（三）有害垃圾

1. 电子垃圾

电子垃圾是当今信息时代的副产物，同时，也徘徊于"危险废物"与"可回收物质"之间。电子产品更新换代的速度实在太快，以至于有那么多的电子垃圾来不及处理。2007 年 3 月，联合国下属机构发起一个名为"解决电子垃圾问题"的环保项目。据项目介绍，全球每年产生的电子垃圾将很快超过 4 000万吨，如果把运送电子垃圾的卡车排列起来，可以绕上半个地球。

一边是不断推陈出新的电脑、手机、数码相机，一边则是越堆越高的电子垃圾。信息时代，电子垃圾已经成为世界上发展最为迅速的废物，如海啸时的巨浪向地球席卷而来，全世界所有国家的领导人和环保主义者都在为庞大的、不断增长的电子垃圾而苦恼。

2. 医疗垃圾

另一种让人头疼的有害废物是医疗垃圾。医疗废物具体包括感染性、病理性、损伤性、药物性、化学性废物。这些废物含有大量的细菌性病毒，而且有一定的空间污染、急性病毒传染和潜伏性传染的特征。如果不加强管理、随意丢弃，任其混入生活垃圾、流散到人们生活环境中，就会污染大气、水源、土地以及动植物，造成疾病传播，严重危害人的身心健康。在我国的一些小城市和乡村，随意丢弃医疗垃圾的想象十分严重，这些垃圾往往具有直接或间接感染性、毒性以及其他危害性。

日本厚生省规定，对于医疗废物在医院内部灭菌处理采用的方式：焚烧、熔融、高压蒸汽灭菌或干热灭菌、药剂加热消毒及其他法规规定的方法（表 2–2）。医院通常采用焚烧方式处理医疗废物，炉灰必须在指定的安全型填埋场进行处置。

表 2–2　日本医疗废弃物处理方式

分类	标志	包装	存放	处理方式
可燃废弃物（非传染性）	有害物危险标志	塑料容器	堆放	医院内处理残渣填埋
可燃废弃物（传染性）	有害物危险标志橙黄色标志	红色专用垃圾袋	专门保管场所	消毒灭菌医院内处理残渣填埋
不可燃废弃物（非传染性）	—	塑料容器	堆放	医院内处理残渣填埋

（续表）

分类	标志	包装	存放	处理方式
不可燃废弃物（传染性）	有害物危险标志橙黄色标志	红色专用垃圾袋或专用收集袋	专门保管场所	消毒灭菌医院内处理残渣填埋

目前发达国家均采用高温焚烧方法对医疗废物进行集中处置，对于焚烧后的底灰和尾气必须达到无菌、无毒才能够排放；并对从事医疗废物集中焚烧处理的单位实施许可制度管理。

在家庭生活中，也会产生不少医疗垃圾，如注射器、针头、带血的棉球和纱布、胰岛素药瓶、过期药品等，这些废弃物随意丢弃，不仅可能刺伤环卫工人、传染疾病，还可能造成环境污染。一种可行的方法就是将它们封装好送到附近医院的医疗垃圾筒中，另外，我国的一些城市已经开展了对过期药品的回收活动。

3. 家庭有害垃圾

家庭产生的有害垃圾一般指含有毒有害化学物质的垃圾。除了上述提到的废弃电脑、手机、过期药品等垃圾，还包括电池（蓄电池、纽扣电池等）、废旧灯管灯泡、过期日用化妆用品、染发剂、杀虫剂容器、除草剂容器、废弃水银温度计等。

（四）其他垃圾

其他垃圾是除去可回收垃圾、有害垃圾、厨房垃圾之外的所有垃圾的总称。主要包括：受污染与无法再生的纸张（纸杯、照片、复写纸、压敏纸、收据用纸、明信片、相册、卫生纸、尿片等）、受污染或其他不可回收的玻璃、塑料袋与其他受污染的塑料制品、废旧衣物与其他纺织品、破旧陶瓷品、妇女卫生用品、一次性餐具、烟头、灰土等。

第二节　生活垃圾资源化利用

垃圾作为放错地方的资源，对垃圾的合理利用就在于垃圾的资源化、减量化、无害化。如果能大力地对垃圾进行资源的回收利用或者资源化的综合加工利用，不但会减少垃圾的处理量和堆积量，同时，有利于资源的循环利用，降低社会经济发展中的资源环境成本，无疑具有深刻的现实意义和重要的应用价值。本节的干废物是特指生活垃圾推行源头分类收集得到的干垃圾，是一类区别于湿垃圾（如厨余垃圾）的废物总称。通常湿垃圾一般通过生化处理转化为肥料而资源化利用，干垃圾则被运往焚烧厂或填埋场进行处理处置。

近20年来，随着经济改革的进一步深化，居民收入不断增加，人民的生活水平不断提高，包装产品的消费促使包装的快速发展，商品包装形式越来越繁多，过分包装和豪华包装的情形比比皆是，垃圾中的废纸、玻璃、金属、塑料、织物等可回收物的消费快速增长，是生活垃圾干废物增长的重要原因之一。同时，也意味着垃圾中含有更多的可回收物成分。目前，我国包装废弃物约占城市生活垃圾的25%，其体积占到城市生活垃圾的40%以上。在物品的生产初期，可以采用绿色设计来考虑包装材料的选择，而对于普通民众来说，人们能做到的就是尽量减少那些会进入垃圾堆的包装，重复利用是个很好的选择。

据调查，某些类型的废弃物回收价值比较高，包括纸类、金属、塑料、玻璃等，通过综合处理回收利用，不但可以减少污染，更重要的还能节省资源。如每回收1吨废纸可造纸850千克，节省木材300千克，相当于节约木材3米，或少砍伐树龄为30年的树木20棵，比等量生产减少污染74%；每回收1吨塑料饮料瓶可获得0.7吨二级原料；每回收1吨废钢铁可炼好钢0.9

吨，相当于节约矿石3吨，比用矿石冶炼节约成本47%，减少空气污染75%，减少97%的水污染和固体废物；每回收1吨废玻璃后可生产一块篮球场面积大小的平板玻璃，或是200毫升瓶子2万只，每回收1吨废玻璃还可节约100千克燃料，一个玻璃瓶被重新利用所节省的能量，可使灯泡亮4小时。还有人进行过测算，瓶罐公司使用再生的玻璃粒生产玻璃瓶罐，每吨可节约682千克石英砂、216千克纯碱、214千克石灰石、53千克长石粉。可见，干废物回收所带来的社会效益和经济效益将是十分可观的。

因此，对生活垃圾干废物进行回收处理和资源化利用将变得越来越必要、越来越迫切，需要尽快地摆上议程，并尽快地发展改善其执行状况。下面将分别对垃圾中主要成分的资源化利用进行介绍。

一、白色污染（废塑料）与资源化

生活中塑料制品到处可见，给人们带来很大的方便，但同时也造成大量丢弃的塑料垃圾。通过对城市垃圾中的成分分析调查可知，近20~30年来垃圾中的塑料成分在逐渐地增加，而且垃圾中的废塑料在环境中非常稳定，不易分解，可存留200年以上，因此，加剧了它们对环境的污染影响。另外，塑料制品在使用过后，由于其性质稳定有利于回收利用。

（一）白色污染概述

说到白色污染，应该没有人不认识它们，因为“白色污染”这名词在各类媒体上（包括报纸、电视、网站）的“曝光度”非常高。人们在校园、公园、社区、大街等环境中，随意丢弃的一次性饭盒、塑料袋、包装废弃物之类的污染物随处可见，玷污了美丽的生活环境。但要是问起“白色污染”的准确定义，恐怕就没有几个人能够说出来了。

所谓“白色污染”是指由农用薄膜、包装用塑料膜、塑料袋和一次性塑料餐具（有时统称为塑料包装物）的丢弃所造成的环境污染。由于废旧塑料包装物大多呈白色，因此，称之为"白色污染"。更为准确的定义白色污染，是指人们对难降解的塑料垃圾（多指塑料袋）污染环境现象的一种形象称谓。它是指用聚苯乙烯、聚丙烯、聚氯乙烯等高分子化合物制成的各类生活塑料制品使用后被弃置成为固体废物，由于随意乱丢乱扔，难于降解处理，以致造成城市环境严重污染的现象。它们并不都是白色，只是由于农用薄膜、塑料包装袋、一次性塑料餐盒这些大多是白色，这才有了这么一个"美名"。

白色污染的前身就是塑料用品。塑料是一种合成的高分子化合物，又可称为高分子或巨分子，也是一般所俗称的塑料或树脂，可以自由改变形体样式，是利用单体原料以合成或缩合反应聚合而成的材料，由合成树脂及填料、增塑剂、稳定剂、润滑剂、色料等添加剂组成的。

塑料的主要成分是合成树脂，其中，还添加了某些特定用途的添加剂（如提高塑性的增塑剂、防止老化的防老化剂）；有些热塑性塑料（聚乙烯塑料），可以反复加工，多次使用；有些热固性塑料（电木），一旦加工成型就不会受热熔化。

塑料通常具有如下特性：①大多数塑料质轻，化学性稳定，不会锈蚀；②耐冲击性好；③具有较好的透明性和耐磨耗性；④绝缘性好，导热性低；⑤一般成型性、着色性好，加工成本低；⑥大部分塑料耐热性差，热膨胀率大，易燃烧；⑦尺寸稳定性差，容易变形；⑧多数塑料耐低温性差，低温下变脆；⑨容易老化；⑩某些塑料易溶于溶剂。

塑料是由石油炼制的产品制成的，塑料的制造成本低，而且耐用、防水，大部分塑料的抗腐蚀能力强，不与酸碱反应，一般不导热、不导电，是电的绝缘体，而且塑料容易被塑制成不同形状的产品，其应用越来越广。

常见的塑料有聚丙烯（PP）、聚苯乙烯（简称“苯塑”，PS）、聚甲基丙烯酸甲酯（有机玻璃，PMMA）、酚醛塑料（电木，PP）、聚四氟乙烯（塑料王，PTFE）聚乙烯（PE）、聚氯乙烯（PVC）、聚酰胺（俗称尼龙，PA）等。

例如，聚丙烯（PP）塑料具有这样的优点：无毒、无味、密度小、强度、刚度、硬度耐热性均优于低压聚乙烯，有较高的抗弯曲疲劳强度，可在100℃左右使用。具有良好的电性能和高频绝缘性不受湿度影响，适于制作一般机械零件，耐腐蚀零件和绝缘零件。常见的酸、碱有机溶剂对它几乎不起作用，可用于食具。

而聚酰胺（即尼龙，PA）常用于合成纤维，其最突出的优点是耐磨性高于其他所有纤维，比棉花耐磨性高10倍，比羊毛高20倍，在混纺织物中稍加入一些聚酰胺纤维，可大大提高其耐磨性；当拉伸至3%～6%时，弹性回复率可达100%；能经受上万次折挠而不断裂。

聚四氟乙烯（PTFE）被美誉为“塑料王”，中文商品名“铁氟龙”“泰氟龙”等。它是由四氟乙烯经聚合而成的高分子化合物，具有优良的化学稳定性、耐腐蚀性（是当今世界上耐腐蚀性能最佳材料之一，除熔融金属钠和液氟外，能耐其他一切化学药品，在水中煮沸也不起变化，广泛应用于各种需要抗酸碱和有机溶剂的）、密封性、高润滑不黏性、电绝缘性和良好的抗老化耐力、耐温优异。

近几十年来，塑料在国内的使用和消费的发展速度非常快。塑料材料在包装领域的应用更是突飞猛进。塑料包装材料主要包括塑料软包装、编织袋、中空容器、周转箱等，是塑料制品应用中的最大领域之一，约占包装材料总产量的1/3，居各种包装材料之首。各种矿产品、化工产品、合成树脂、原盐、粮食、糖、棉花和羊毛等包装已大量采用塑料编织袋和重包装袋；还有饮料、洗涤用品、化妆品、化工产品等在我国迅速发展，必不可少的复合膜、包装膜、容器、周转箱等塑料包装材料有很大的需求。而食品和药品是国计民生大宗重要物资，相应的包装需求十分旺盛。中国药用包装的增长速度位居世界八大药物生产国榜首。

我国是一个农业大国，2015 年 13.75 亿人口中 6.03 亿分布在广大的农村，这种国情决定了农业是国民经济的基础。农用塑料制品已成为现代农业发展不可缺少的生产资料，是抗御自然灾害，实现农作物稳产、高产、优质、高效的一项不可替代的技术措施，已经广泛地应用于我国农、林、牧、渔各业，农业已成为仅次于包装行业的第二大塑料制品消费领域。

（二）白色污染现状

快速增长的塑料行业，在方便人们生活的同时，也给人们带来反面消极的影响和压力。特别是针对石油资源本来就很贫乏的现状，不但加剧资源的消耗，而且塑料制品在使用后的废弃品，给环境造成的污染也在日益加重。

塑料的原材料绝大部分来自石油，所以，在得到越来越多的塑料产品方便人们生活的同时，也在消耗着大量的石油资源。如塑料袋，它给人们的生活带来了极大的便利，因此，其发展速度非常快。目前，我国快速消费品零售全行业每年消耗的塑料袋数量约为 500 亿个，消耗资金约 50 亿元。据专家测算，我国超市、百货商店、菜场等商品零售场所每天使用大量的塑料购物袋，按照生产 1 吨塑料需要消耗 3 吨以上的石油计算，那么生产这些塑料袋至少需要 13 000多吨石油，即全国每年只是生产塑料袋就需消耗 480 多万吨石油。

而石油是我国既短缺又重要的资源，一方面，我国所拥有的石油资源只占全世界石油资源的 1.2%左右，现在我国又成为世界上第二大石油消费国家，对石油的需要非常大，并且每年还在

以近10%的速度增加。另一方面，我国本身能提供的石油生产能力非常有限，目前，我国每年需要进口的石油已经超过总量的50%，而且对外的依赖度还在持续上升。

2010年石油净进口近2.5亿吨，2016年增至3.56亿吨。近年来，国际油价从每桶30多美元暴涨到100美元以上，大大增加了我国的经济负担，也直接推动了工农业生产成本和物价的上涨。

另外，塑料废弃物给环境造成的“白色污染”非常严峻。据统计，在2005年世界塑料产量超过2亿吨，2016年全球使用的塑料量将达到5亿吨，预计全球塑料消耗量将以每年8%的速度增长，2030年塑料的年消耗量将达到7亿多吨，而每年塑料废弃量大概在2.6亿~3亿吨。面对如此大规模的塑料制品的生产积累，在兴奋之余令人担忧的是，高产量背后意味着将会有相应大量的废弃物产生。统计资料表明，过一定使用周期后，废旧塑料的产生量约占其当年制品产量的70%，这样逐年累积增加，倘若不能有效地采取合理处理政策，这种庞大数量的高分子废弃物将会造成越来越严重的“白色污染”，并最终严重地恶化自然环境和地球生态。

废塑料垃圾被乱弃于城市、铁路沿线、旅游区、水体中、江河航线、绿地或林荫树上，破坏了城市风景，对城市供电系统也造成极大威胁。而食物、饮料的塑料包装物是蚊、蝇和细菌赖以生存和繁殖的温床，极易引起病菌传播。另外，由于塑料原料是人工合成的高分子化合物，分子结构非常稳定，很难被自然界的光和热降解，并且自然界几乎没有能够消化塑料的细菌和酶，难以对其生物降解。所以，使塑料废弃物对环境的潜在危险就更大了。

滞留在土壤里的废塑料（如农业废塑料膜）就破坏了土壤的透气性能，降低了土壤的蓄水能力，影响了农作物对水分、养分的吸收，阻碍了禾苗根系的生长，使耕地劣化。如果每亩（1 亩≈667 平方米。全书同）玉米地有 3.9 千克残膜，将减产 11%~13%。

废弃在地面和水中的废塑料袋，容易被鱼、马、牛、羊等动物当做食物吞入，塑料制品在动物肠胃里消化不了，它们在动物体内无法被消化和分解，食后能引起胃部不适、行动异常、生育繁殖能力下降，甚至死亡，在动物园、牧区、农村和海洋，这种现象屡见不鲜。曾有科学家在解剖海龟尸体时，发现它们的胃中有许多塑料袋，最多的一只体内竟有 15 个塑料袋。海龟喜欢吃海蜇，它们将丢弃在海洋中的塑料袋当做海蜇吃进肚子里，才会遭此厄运。还有海豚和鲸鱼等海洋动物，也因为误食塑料袋等塑料制品，无法消化排泄而死亡。

废弃塑料对水面特别是海洋的污染已经成为国际性问题，它们影响渔业，恶化水质，还会缠住船只的螺旋桨，损坏船身和机器，给航运业造成重大损失。水中垃圾塑料占 55%，其清除费用为陆地的 10 倍，1995 年香港为打捞 4 765 吨海上垃圾，耗资 1 200万港元。废塑料对海洋生物造成的危害是石油溢漏危害性的 4 倍，每年仅丢弃在海洋的废弃渔具就在 15 万吨以上，各种塑料废品在数百万吨以上。

因此，“白色污染”的潜在危害需要人们能有清醒的认识。

（三）废塑料的资源化

我国的经济发展将要进入一个转折期，需要从“数量效益型”转变为“质量民生型”。“数量效益型”就是追求物质财富的增长数量（GDP），效益主要是指经济效益，而环境效益和社会效益缺少严格的考核指标。“质量民生型”的“质量”是指在追求经济效益的同时，也追求质量，“民生”就是人民的生活质量和生命安全。

塑料由于其稳定性是回收价值较大并且能够再生利用的材料，尤其在资源紧缺、人口众多的国家，循环经济和环境保护与

国家的可持续发展战略息息相关，已得到国家和社会普遍关注。因此，在我国石油资源消费缺口很大，塑料原料大量依赖进口的状况没有根本性改变的情况下，再生塑料便成为解决原料紧缺的捷径，而且来源丰富、成本低廉。

废塑料的回收利用途径广阔。一是可以将废塑料直接重新熔融，再生塑化成新的产品。二是可以利用废塑料进行热能再生。因为塑料热值较高，可直接燃烧，产生热能，然后对热能进行回收利用。三是可以裂解废塑料制油，把固体塑料转化成液体油品。四是还可以对废塑料综合利用，主要包括生产建筑材料、多功能树脂胶、防渗防漏剂及防锈剂等。

1. 废塑料的直接回收利用

废旧塑料的直接利用系指不需进行各类改性，将废旧塑料经过清洗、破碎、塑化，直接加工成型，或与其他物质经简单加工制成有用制品。国内外均对该技术进行了大量研究，且制品已广泛应用于农业、渔业、建筑业、工业和日用品等领域。

例如，各类塑料瓶的回收已经非常普遍。PET 塑料制成的瓶子广泛用于各种饮料，如可口可乐、百事可乐、芬达等。这些废瓶子回收后，首先将它们与其他类的塑料瓶分离，经过破碎后就能进行再生造粒，这些粒料可以重新制造 PET 瓶，虽然再生粒料不能用于与食品直接接触场合，但可用于 3 层 PET 瓶的中间层，再制成碳酸饮料瓶。也可以制造纺丝制造纤维，用作枕芯、褥子、睡袋、毡等。还可以得到玻纤增强材料和共混改性的材料（如再生 PET 粒料可与其他聚合物共混，制得各种改性料）。

再如，广泛用于奶制品瓶，食品瓶，化妆品瓶等的 PE 塑料，经过分选、清洗、造粒后，得到的物料可以用于可乐瓶底座，用于管材共挤出中间芯层，或用于填充滑石粉或玻纤制造花茶杯或注塑制品，与本纤维复合，还可用作人工木材。

据资料统计，回收处理 1 万吨废弃塑料瓶，相当于节约石油

5 万吨、减排二氧化碳 3.75 万吨。可见，废塑料瓶的回收是非常适于循环经济。

2. 废塑料制油利用

我国已成为世界第二大石油消耗国，而塑料来自石油。因此，回收废塑料既可以减少垃圾的排放，又可以降低石油的消耗、节省资源。

聚乙烯、聚丙烯、聚苯乙烯等废塑料，是从石油中经一系列工艺提炼而成。如聚乙烯塑料是用乙烯合成的，而乙烯是石脑油，经柴油等各种石油烃类原料裂解制得。因此，可以反过来，用加热和催化的方法对塑料这种大分子物质进行分解处理，得到汽油、柴油、液化气等有用组分。

热分解技术的基本原理是，将废旧塑料制品中原树脂高聚物进行较彻底的大分子链分解，使其回到低摩尔质量状态，从而获得使用价值高的产品。不同品种塑料的热分解机理和热分解产物各不相同。PE、PP 的热分解以无规则断链形式为主，热分解产物中几乎无相应的单体，热分解同时伴有解聚和无规则断链反应，热分解产物中有部分苯乙烯单体。

几乎所有的塑料都能通过裂解得到油、气产品，只不过不同类的塑料、不同的技术方法其产油率有所不同而已。采用催化裂解工艺时，产油率可达 50% 及一部分气体，而采用热裂解工艺时，产出的气体较多，而产油率达不到 50%。

废塑料油化技术最为典型的是废聚乙烯的油化技术，分别有热解法、催化热解法（一步法）、热解—催化改质法（二步法）等 3 种方法：其一，热解法所得产物组成分散，利用价值不大，热解制得的柴油含蜡量高，凝点高，十六烷值低，制得的汽油辛烷值低；其二，催化热解法（一步法）是热解与催化同时进行，优点是裂解温度低，所需时间短，液体收率高，投资少，缺点是催化剂用量大，而且裂解产生的炭黑和杂质难以分离；其三，热

解—催化改质法（二步法）是将废塑料进行热解后对热解产物在进行催化改质，得到油品，是一种应用最多，比较有发展前景的工艺，国内外都很重视这项技术。

目前，废旧塑料裂解油化工艺反应器种类较多，其中，有管式，槽式和流化床反应器及催化法 4 种，它们各自具有工艺特色。

（1）管式工艺与设备。管式工艺所用的反应器有管式蒸馏器、螺旋式炉、空管式炉、填料管式炉等，皆为外部加热形式。在管式工艺操作中，如在高温下缩短废旧塑料在反应管内的停留时间，可提高处理量，但塑料的汽化和碳化比例将增加，油的回收将降低。管式法中螺旋式炉的油回收率为 51%~66%，而槽式工艺油的回收率可达 57%~78%。

（2）槽式工艺与设备。槽式工艺的热分解与蒸馏工艺比较相似。槽式工艺一般采用外部加热进行熔融和分解，故技术较简单，但该技术应注意部分可燃馏分不得混入空气，严防爆炸；另外，因采用外部加热，加热管表面有固体物析出，需定时清除，以防导热性变差。

（3）流化床法工艺与设备。该技术方法采用内部加热，即利用反应器内部分物料的燃烧来供热。流化床法油的回收率高，燃料消耗少。流化床法用途较广，且对废旧塑料混合料进行热分解时可得到高黏度油质或蜡状物，再经蒸馏即可分出重质油与轻质油。

（4）催化法工艺与设备。该技术较槽式、管式和流化床工艺的明显区别在于使用固体催化剂。其工艺流程是：固体催化剂为固定床，用泵送入较净质的、单一品种的废旧塑料，在较低温度下进行热分解。

3. 废塑料的其他利用方式

例如，可以利用废塑料和粉煤灰制备建筑用瓦。在一些塑料中加入适当的填料可降低成本，降低成型收缩率，提高强度和硬度，提高耐热性和尺寸稳定性，常用填料有碳酸钙、滑石粉、陶瓷粉等。从经济和环境角度综合考虑，选择粉煤灰、石墨和碳酸钙作填料是较好的选择。粉煤灰表面积很大，塑料与其具有良好的结合力，可保证制备的瓦具有较高的强度和较长时间的使用寿命。

又如，可以利用废塑料生产建筑材料产品，如生产软质拼装型地板：软质拼装型聚氯乙烯塑料地板是以废旧聚氯乙烯塑料为主要原料，经过粉碎、清洗、混炼等工艺再生成塑料粒、然后加入适量的增塑剂、稳定剂、润滑剂、颜料及其他补加剂，经切料、混合、注塑成型、冲裁工艺而制成。其产品配方：废旧聚氯乙烯再生塑料 100 份，邻苯二甲酸二辛酯 5 份，邻苯二甲酸二丁酯 5 份，石油酯 5 份，三盐基硫酸铅 3 份，二盐基亚硫酸铅 2 份，硬脂酸钡 1 份，硬脂酸 1 份，碳酸钙 15 份，阻燃剂、抗静电剂、颜料、香料适量。其产品性能：加热质量损失率不大于 0.5%，加热长度变化率不大于 0.4%，吸水长度变化率低于 0.2%，磨耗量低于 0.02 克/平方厘米，抗拉强度低于 90 千克/平方厘米，耐电压强度低于 15 千伏/分钟，阻燃符合 GB 2408.80/J 等。

还可以利用废泡沫塑料，并在其中加入一定剂量的低沸点液体改性剂、发泡剂、稳定剂等来制成具有微细密闭气孔的硬质泡沫塑料板。这种板可以单独使用，也可在成型后再用薄铝板包敷做成铝塑板。这种铝塑板保温性能很好，经实际使用考验，结果无结霜和结露现象，且可降低工程造价，施工操作方便。因此，在北方采暖地区，该技术方法所生产的聚苯乙烯泡沫塑料保温板具有广泛用途和良好的发展前景。另外，通过利用合适的改性剂，对废泡沫塑料进行改性处理，可制备常温条件下速干、耐水时间长的水乳性防水涂料。这种办法工艺比较简单，用水调节黏

度施工也很方便。该防水涂料可以代替防潮油用于瓦楞纸箱，也可用于纤维板的防水。

还可以使用废塑料生产混塑包装板材，该技术以废塑料、塑料垃圾、废塑料纤维垃圾为原料，利用特有的工艺流程、技术与设备进行综合处理，形成“泥石流效应”，经初级混炼、混熔造粒、混合配方、混熔挤压、压延、冷却，加工成不同厚度、宽度的半、片、防水材料及农用塑料制品，生产新型改性混塑板。主要工艺设备由混合塑料混炼挤出机、复合四压延机、初混机组、造粒机组、星型输料配方系统、自动上料系统、原料输送线、搅拌混合机和塑料破碎机。废塑料的回收利用的具体情况及途径，可以参看如图 2-1 所示。

废塑料的回收事业，在世界各国都有蓬勃地发展。据了解，过去 10 年来，欧盟塑料业已投资 5 000万欧元促进对塑料废弃物的管理，并取得了一定成效。

2012 年欧盟各国塑料回收率 33. 6%，据布鲁塞林研究报告，到 2020 年，欧洲的塑料回收水平将达到 62%。2014 年我国塑料回收利用率 29. 48%。

再生制造的塑料产品废旧更换后可多次粉碎再制造，一旦这种“使用—更换—再制造—再使用”的循环利用商业模式形成，可以极大地提高资源利用率。仅以替代钢铁和木材制品为例，10 万吨废塑料再生制品的生命周期内，可以节省数十万立方米木材和数十万吨钢铁。人们可使近 10 万吨塑料废弃物得到无害化和资源化利用。达到垃圾减量化目的，避免因焚烧、填埋等不当处理带来的环境污染。

因此，一旦废塑料的回收利用、循环利用发展得很好，塑料将成为现代经济发展中可实现“减量化、再利用、资源化”的重要材料，其加工成型是无污染排放、低消耗、高效率的过程，绝大部分塑料使用后能够被回收再利用，使其成为典型的资源节

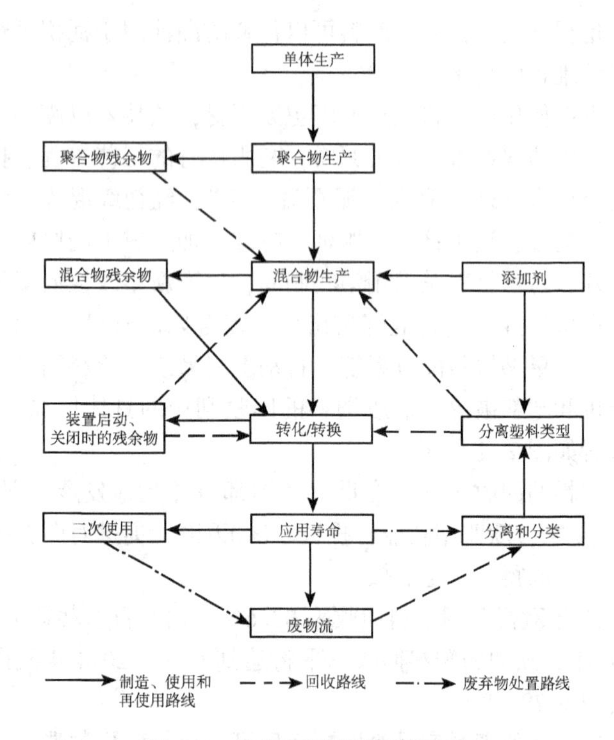

图 2-1 废旧塑料回收利用流程

约型环境友好材料。

二、黑色污染（废橡胶）与资源化

（一）黑色污染的前身——橡胶

橡胶，自从被人类认识使用以来，其应用范围日益扩大，几乎贯穿于各行各业，给人类带来了极大的方便，橡胶因其有很强的弹性和良好的绝缘性、可塑性、隔水隔气、抗拉和耐磨等特点，广泛地应用于工业、农业、国防、交通、运输、机械制造、医药卫生领域和日常生活等方面，如交通运输上用的轮胎；工业

上用的运输带、传动带、各种密封圈；医用的手套、输血管，输液瓶塞；日常生活中所用的胶鞋、暖水袋等都是以橡胶为原料制造的，于是各种橡胶制品企业如雨后春笋一样纷纷涌现，促进了橡胶工业的蓬勃发展。

世界上通用的橡胶的定义引自美国国家标准 ASTM-D1566，即橡胶是一种材料，它在大的变形下能迅速而有力地恢复其变形，也能够被改性（硫化）。改性的橡胶实质上不溶于沸腾的苯、甲乙酮、乙醇-甲苯混合物等溶剂中。改性的橡胶在室温下被拉伸到原来长度的 2 倍并保持 1 分钟后除掉外力，它能在 1 分钟内恢复到原来长度的 1.5 倍以下，具有上述特征的材料称为橡胶。

橡胶通常分为天然橡胶与合成橡胶 2 种。天然橡胶是从橡胶树、橡胶草等植物中提取胶质后加工制成；合成橡胶则由各种单体经聚合反应而得，常见的有如丁苯橡胶、顺丁橡胶、异戊橡胶等。

橡胶的综合性能比较好，因此，应用广泛。主要有如下几种橡胶。

（1）天然橡胶。从三叶橡胶树的乳胶制得，基本化学成分为顺-聚异戊二烯，具有弹性好，强度高，综合性能好等特点。

（2）异戊橡胶。全名为顺-1,4-聚异戊二烯橡胶，由异戊二烯制得的高顺式合成橡胶，因其结构和性能与天然橡胶近似，故又称合成天然橡胶。也具有良好的弹性和耐磨性，优良的耐热性和较好的化学稳定性。

（3）丁苯橡胶。简称 SBR，由丁二烯和苯乙烯共聚制得。它是产量最大的通用合成橡胶，其综合性能和化学稳定性好。

（4）顺丁橡胶。全名为顺式-1，4-聚丁二烯橡胶，简称为 BR，由丁二烯聚合制得。与其他通用型橡胶比，硫化后的顺丁橡胶的耐寒性、耐磨性和弹性特别优异，动负荷下发热少，耐老化性能好，易与天然橡胶、氯丁橡胶、丁腈橡胶等并用。

近数十年来，随着工业经济的进步，人们对于橡胶制品的依赖性在快速地提高，橡胶类产品为人类提供了丰富的物品。橡胶制品，包括各类机动车辆以及其他运输工具的轮胎、橡胶制壳体产品或电线的包覆体等，需求量逐年大量增加。

橡胶的最大用途是在于制作轮胎，包括各种轿车胎、载重胎、力车胎、工程胎、飞机轮胎、炮车胎等，一辆汽车约需要240千克橡胶，一艘轮船需要60~70吨橡胶，一架飞机需要600千克橡胶，一门高射炮约需要86千克橡胶。

橡胶的第二大用途是做胶管、胶带、胶鞋等制品，另外，如密封制品、轮船护舷、拦水坝、减震制品、人造器官、黏合剂等，范围非常广泛。有些制品虽然不大，但作用却非常重要，如美国“挑战者”号航天飞机因密封圈失灵而导致航天史上的重大悲惨事件。

（二）黑色污染——废橡胶的危害

黑色污染主要是指废橡胶（主要是废轮胎）对环境所造成的污染，因为废轮胎的颜色大都为黑色，相对“白色污染”被称之为黑色污染。目前废橡胶制品是除废塑料外居第二位的废旧聚合物材料，它主要来源于废轮胎、胶管、胶带、胶鞋、垫板等工业制品，其中，以废旧轮胎的数量最多，此外，还有橡胶生产过程中产生的边角料。

全球2016年橡胶原料总需求量为2 713万吨，包括1 250万吨天然橡胶和1 463万吨合成橡胶。预计未来几年全球橡胶的需求量仍可保持2%~3%的增长率，大致和全球GDP的增长同步。据资料介绍，经济发达国家平均每1.1~2.6人拥有一辆汽车，日本拥有汽车7 500多万辆，法国2 500多万辆，美国28 500多万辆。我国1997年的汽车保有量为1 300万辆，而到2010年时，汽车保有量达到了7 000万辆（仅就2009年，中国汽车的销量为

1 300万辆，已经占全球总销量的22%），截至2016年年底，全国汽车保有量达1.94亿辆。

为了保证安全，一般每辆汽车行驶3万~5万千米需更换1次轮胎，以此计算，全世界每年将有数十亿条废旧轮胎产生。在美国，橡胶制品的生产量每年为500万吨，其中，轮胎每年为300万吨，这些轮胎在2~3年内几乎全部报废，每年废弃的车用轮胎2.5亿~3.0亿条。另外，工厂每年约产生废橡胶（边角余料及废品）45万吨。在日本，废橡胶的产生量每年约为140万吨，其中，50%是废轮胎，1992年废轮胎产生量为9 200万条，合84万吨；废胶管、胶带及其他工业杂品占废胶量的16.8%，其余是废胶鞋、胶布和电线等。

我国是全球最大的橡胶消费国和橡胶制品生产国，消耗全球近一半的橡胶。随着我国工业的快速发展，橡胶消费量快速增长，至2016年消费量（天然橡胶+合成橡胶）达1 329.8万吨，占全球总需求量的49%。供给方面，我国的天胶产量基本维持在74万吨左右，约占全球总产量的6%。合成橡胶的产能占全球产能占全球的27%左右。据不完全统计，在2013年，我国废旧轮胎产生量已经达到2.99亿条，质量达到1 080万吨并以每年8%~10%的速度在增长，至2015年达到3.3亿条左右，质量达1 200万吨。目前，还有近5%的废旧橡胶没有回收利用，其中，废旧轮胎约占2%，长期堆放，难以降解，成为“黑色污染”源。

在北京、上海等大城市的城郊结合处都能见到绵延上千米像小山一样的废旧轮胎堆积点。越积越多的废旧轮胎长期露天堆放，不仅占用了大量土地，而且经过日晒雨淋，极易滋生蚊虫，传播疾病，还容易引发火灾。而且废轮胎类橡胶具有较大的异味，夏天时经太阳曝晒发生自燃，放出碳氢化合物和有毒气体，其火焰很难扑灭。就是不燃烧，如果堆放的时间长了也会老化，释放有毒有害物质。

废轮胎等类橡胶属于高分子聚合物材料，自然条件下很难降解，长期弃于地表或埋于地下都不会腐烂变质。具有很强的抗热、抗机械和抗降解性能，数十年都不会自然消除。

若对其填埋处理需要大量的土地资源，且因着难以分解使其对土壤造成的污染影响趋于严重。若采用简单焚烧处理，虽可有效减少废轮胎的数量和体积，然而不但浪费了大量的资源，更糟的是在燃烧过程中所产生的有毒气体会严重污染大气环境，危害人畜的健康。

许多国家如美国、加拿大、日本等，都曾因废旧轮胎起火而蒙受了巨大损失。随着我国汽车工业的飞速发展，废旧轮胎的生成量将急剧增加，“黑色污染”造成的危害有可能会远远大于“白色污染”。

为此，妥善解决废轮胎所引起的系列社会环境问题，已成为亟待解决的重要问题。

（三）废橡胶的资源化

废轮胎类橡胶的回收利用早已被人们所关注，也取得了很好的经济效益，但是离“绿色财富”的概念还很遥远。例如，利用废轮胎土法炼油在我国早已开展，然而土法炼油的危害非常大，特别是对周边的自然环境，在土法炼油过程中释放大量硫化氢、二氧化硫、苯类、二甲苯类、多环芳烃等有毒有害气体，严重污染大气环境。据估算，仅每吨废轮胎燃烧排放的二氧化硫就达 200 千克，再则炼油后排放的有毒有害废渣也严重污染土地和水源。凡有土法炼油的地方，大气、土壤和水源遭到毁灭性破坏，非法炼油作坊周围竟然寸草不生，树木纷纷枯死。

20 世纪末，一些发达国家曾因废轮胎处理不当引起多次大的环境灾难，已经为人们敲响了警钟。从积极的方面来看，就是大家都看到了废橡胶废轮胎不仅仅是一种废物，而更是一种潜在

的资源。

目前确实能将废轮胎橡胶变为绿色财富的途径主要有如下 3 类方法。

1. 废旧轮胎翻新回用

翻新是利用废旧轮胎的主要方式之一。将已经磨损的废旧轮胎的外层削去，粘贴上胶料，再进行硫化，然后重新投入使用。翻新废旧轮胎不仅有利环保，而且还有多项好处：一是节约资源，1 条全新轮胎的成本大约有 70%是花费在胎体上，只要适当的维护保养，翻新轮胎可使投资得到充分的利用，而货车轮胎通常可翻新几次。轮胎的翻新在很大程度上解决了固体废料的处理问题，每翻新 1 条胎等于从垃圾堆赚回 1 条胎。二是可以降低成本，轿车使用翻新轮胎比新胎降低成本 30%～50%，载重货车使用翻新轮胎比使用新胎降低成本 60%。三是还能节省能源，生产 1 条全新轮胎需耗用约 30 吨石油，而翻新 1 条这样的轮胎只耗用 8 升石油。

据调查，进口 1 条大型轮胎单价为 14. 5 万元（不含税），平均使用寿命 4 780 小时，轮胎损耗 30. 33 元/小时；同类同规格的大型国产轮胎单价为 5. 8 万元，平均使用寿命为 2 205 小时，轮胎损耗 26. 30 元/小时；横向对比一下，旧轮胎翻新的轮胎单价含运费才 4. 3 万元，平均使用寿命 2 426 小时，轮胎损耗 17. 22 元/小时。相比之下，使用翻新的轮胎比进口新轮胎降低胎耗 12. 61 元/小时，比国产新轮胎降低胎耗 8. 58 元/小时；翻新的轮胎平均使用寿命为国产新轮胎的 110%，最重要的是，翻新 1 条大型轮胎，可以为社会节约 10 万元人民币。

2. 废轮胎裂解制取油气和化学品

废橡胶如废塑料，是一种聚合化合物，是大分子有机物，故可以通过打断其大分子结构，从而得到小分子有机废弃物（油、气类物质）资源利用。

橡胶中含有丰富碳、氢元素，故废旧轮胎是一种高热值材料，每千克的发热量比木材高69%，比烟煤高10%，比焦炭高4%。如果把废轮胎进行加热分解，得到各种低分子的碳氢化合物，不但可以取代部分的煤炭、石油、天然气，还可以获取一部分化工原料。

废轮胎热解是在缺氧或惰性气体中进行的不完全热降解过程，可产生液态、气态碳氢化合物和碳残渣，这些产品经进一步加工处理能被转化成具有各种用途的高价值产品，如碳残渣被转化成炭黑或活性炭，液态产品被转化成高价值的燃料油和重要化工产品如烯烃和苯，气态碳氢化合物被直接作为燃料，等等。可见，废轮胎热解处理能够实现资源的最大回收和再利用，具有较高的经济效益和环境效益，因此，它将成为今后废旧轮胎处理的发展主要方向之一。

经过了20多年的废旧轮胎不同处理技术发展之后，轮胎热解方法是一种有益的选择。废轮胎的热解处理消耗了废物，且没有污染物的排放，还可以回收炭黑、燃料油等油品和化学产品，有利于环保及资源的回收、利用，有较高的经济效益，被认为是当今处理废旧轮胎的最佳途径之一。轮胎热解可以再生70%能源，而燃烧只能回收42%的热能。早在20世纪70年代的法国，如果每年的废旧轮胎（3 000万条）都能热解，将产生13. 5万吨燃料油、14万吨炭黑及大量的废钢。

废旧轮胎经过加热分解处理；促使其分解成油、可燃气体、碳粉。热分解所得的油与商业燃油特性相近，可用于直接燃烧或与石油提取的燃油混合后使用，也可以用作橡胶加工软化剂；所得的可燃气体主要由氢和甲烷等组成，可做燃料使用，也可以就地燃烧供热分解过程的需要；所得的碳粉可代替炭黑使用，或经处理后制成特种吸附剂。此外，热分解产物还有废钢丝。热解流程如图2-2所示。

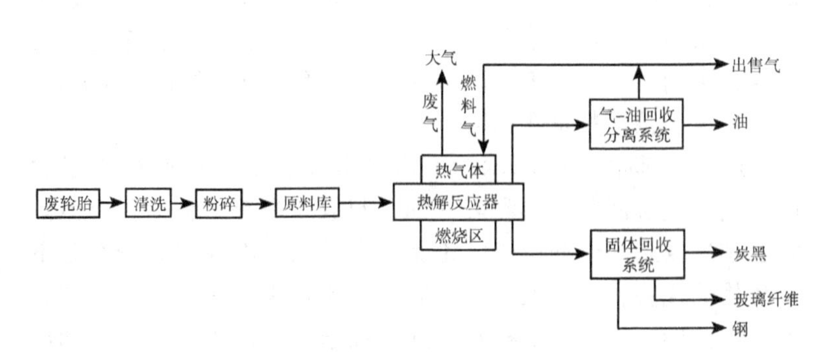

图 2-2　废轮胎热解流程

热解气体的主要成分是甲烷、乙烷、乙烯、丙烷、丙烯、乙炔、丁烷、丁烯、1,3-丁二烯、戊烷、苯、甲苯、二甲苯、苯乙烯、氢气、一氧化碳、二氧化碳和硫化氢等，气体分布以乙烯为主，其次是丙烯、丁烯、异丁烯等。热解气热值与天然气热值相当，可作为燃料使用。热解得到的炭黑，可以用做低等橡胶制品聚解的强化填料或用做墨水的色素，也可作为燃料直接使用；另外，由于碳残余物中含有难分解的硫化物、硫酸盐和橡胶加工过程加入的无机盐、金属氧化物以及处理过程中引入的机械杂质，因此，可直接应用于橡胶成型的生产；而且，如果与普通耐磨炭黑按一定的比例混用，其耐磨性能将大大增强。热解炭黑、酸洗炭黑表面则含有较多酯基、链烃接枝，因此具有不同于色素炭黑的特殊表面特性，回收炭黑的表面极性比色素炭黑表面极性要低，该特性增加了回收炭黑的表面亲油性能，作为一种新型炭黑应用到橡胶、油墨等材料将具有更好的分散性。

经分析，热解油（链烷烃、烯烃、芳香烃的混合物）有大约 43 兆焦/千克的较高热值，可以作为燃料直接燃烧或作为炼油厂的补充给料。因为产品主要成分是苯、甲苯、二甲苯、苯乙烯、二聚戊烯及三甲基萘、四甲基萘和萘，所以，它们也可作为化学制品的一种来源。这些化合物都是有用的化工原料。

3. 转化成胶粉重新利用

虽然目前利用废旧轮胎有翻新利用、切碎做燃料用于发电、化学裂解回收炭黑和燃料油、制成胶粒等多种途径，但国际上越来越趋向于利用废旧轮胎生产胶粉。因为橡胶粉有着不可替代的优势，而且没有再生胶生产所带来的污染，也没有其他二次污染。橡胶粉最神奇的地方在于，可使废旧轮胎的利用率达到近 100%，可以循环使用，是真正的循环利用并且可持续发展。

通过机械方式将废旧轮胎粉碎后得到的粉末状物质就是胶粉，其生产工艺有常温粉碎法、低温冷冻粉碎法、水冲击法等。与再生胶相比，制取胶粉无需脱硫，所以，生产过程耗费能源较少，工艺较再生胶简单得多，减少了环境污染，而且胶粉性能优异，用途极其广泛。通过生产胶粉来回收废旧轮胎是集环保与资源再利用于一体的很有前途的方式，这也是发达国家摒弃再生胶生产，将废旧轮胎利用重点由再生胶转向胶粉利用领域的根源。

工业发达国家自 20 世纪 90 年代以来，相继研究出常温和低温粉碎工艺制造微细硫化胶粉的方法并形成规模生产。精细胶粉（0. 180~0. 125 毫米）是一种重要的添加剂，其应用领域很宽。例如，将精细胶粉添加到天然橡胶中（一般橡胶制品的掺入量可达 50%），可提高胶粉的静态性能、耐疲劳等动态性能。在德国，轮胎制品中加入 20% 的胶粉，可提高其耐磨性，延长轮胎的使用寿命，胶粉越细，提高的幅度越大。另外，胶粉的价格只有天然橡胶的 1/3 ~ 1/2，由此可大大地降低轮胎成本。精细胶粉还可以添加到塑料中，生产出来的橡塑材料，强

度高、耐磨、弹性好、扩大了塑料的应用范围。在传统的建筑材料中添加精细胶粉，可生产出防震、防裂、防漏、耐用的新型建材。

用胶粉作高速公路或高等级公路的改性沥青，能取得非常好的效果。实践证明：掺有废橡胶粉的改性沥青路面可比原来纯沥青路面减薄一半，使用期增加 1 倍，减少道路噪音 70%，可以防冻、防滑、防水塌陷，并增强路面的静态及动态强度，大大提高路面的承载能力。全面提高了路面的低温延伸性、抗开裂性、耐磨性、耐热老化等。具有优点有：①提高沥青的黏度，黏性高的沥青不仅抗变形能力增强，而且加强了沥青与碎石的黏结力，具有更好的封水性能。②改善沥青的低温性能，橡胶沥青良好的低温性能，在寒冷地区将会明显减少路面开裂，延长路面使用寿命。③提高行车的舒适性和安全性，由于橡胶路面的柔性，将缓和路面局部不平引起车辆的震动，改善轮胎与地面的附着性能，缩短制动距离，从而使车辆的舒适性和安全性都得到改善。④降低道路修建费用，使用橡胶沥青可使路面厚度减薄一半。⑤抗老化、抗疲劳性能明显提高，大量废轮胎胶粉的加入，不仅为沥青增加了抗老化、防氧化和热稳定性，而且由于轮胎橡胶优异的弹性也在较大的温度区间，为沥青路面提供了柔性以及耐疲劳和抗裂纹能力，从而延长路面的使用寿命。

可见，一方面，废旧橡胶资源再生利用是缓解橡胶资源紧缺而出现的新型应用材料，在新领域中起着不可替代的作用。因为废旧橡胶资源再生综合利用领域非常广泛，既可代替部分天然橡胶，又在新材料领域中是主要的原材料，如鞋底、垫片、地砖、黏合剂、防水材料、橡胶跑道、橡胶地板等。另一方面，随着我国橡胶工业及汽车产业的发展，大量的废旧轮胎、橡胶制品及其他边角料不断增多，仅轮胎报废量以每年 10%的速度递增。我国废旧橡胶回收利用率很低，目前回收率只有2%，比国外先进水平低3~4个百分点。据不完全统计，到2021年我国废旧轮胎回收利用率不足6%，与世界发达国家平均9%的回收利用率相差较远。由于废旧橡胶得不到综合利用，大多成为工业垃圾，既浪费了大量的可用资源，又造成了黑色污染，严重影响人类的生活环境。与此同时，我国又是一个橡胶资源严重匮乏的国家，每年进口橡胶达总消耗量的60%，并且在短时间内还没有根本办法摆脱现状。废旧橡胶资源再生利用，弥补了当前我国橡胶资源严重不足的困境，对我国橡胶行业及再生资源综合利用方面更具有巨大的推动作用。

三、废纸的回收循环利用

（一）造纸业的重要性

造纸术是我国的四大发明之一。纸张不仅是书写的理想材料，也是印刷的理想材料。因此，纸张的发明和应用，对人类文明的进步起到了很大的推动作用，也为印刷术的发明提供了良好的条件。

造纸产业具有资金技术密集、规模效益显著的特点，其产业关联度强，市场容量大，是拉动林业、农业、印刷、包装、机械制造等产业发展的重要力量，已成为我国国民经济发展的新的增长点。造纸产业以木材、竹、芦苇等原生植物纤维和废纸等再生纤维为原料，可部分替代塑料、钢铁、有色金属等不可再生资源，是我国国民经济中具有可持续发展特点的重要产业。

尽管当今世界的信息化途径、方式呈现多样化发展，多媒体类型的信息越来越流行普及，然而纸张的重要性并没有降低。报纸、杂志、期刊、教材、专著、书法、图画，等等，都离不开造纸业的支持。造纸产业是与国民经济和社会事业发展关系密切的

重要基础原材料产业，纸及纸板的消费水平是衡量一个国家现代化水平和文明程度的标志，造纸业在一些地方被誉为世界的第三大产业。

（二）造纸业的环境负担

我国目前已是世界上最大的纸张生产国，但纸业仍是1个高消耗、高能耗、高污染的产业，国家已将造纸业列为七大“三高”产业之一。造纸工业在生产中产生的废水、废气、废渣、毒性物等能对环境造成严重污染。其中，以水污染最为严重，用水量、排水量很大（一般每吨浆和纸约用水300吨以上），废水中有机物含量高，化学需氧量（COD）高，悬浮物多，并含有毒性物，带色有异味，危害水生生物的正常生长，影响工农畜牧业和居民用水与环境景观。长年积累，悬浮物会淤塞河床港口，并产生硫化氢有毒臭气，危害深远。

例如，根据环境保护部统计，2009年造纸工业生产总值为4 660亿元，约占全国工业总产值的2%，但2009年造纸工业用水量占全国工业总水耗的近9%，废水排放量占全国工业总排放量的19%左右，COD（化学需氧量）排放占全国排放量的32%。经过各造纸企业的环保防污措施防控，2015年造纸和纸制品业（统计企业4 180家，比2014年减少484家）用水总量为118.35亿吨，其中，新鲜水量为28.98亿吨，占工业总耗新鲜水量386.96亿吨的7.5%；重复用水量为89.37亿吨，水重复利用率为75.5%。废水排放量为23.67亿吨，占全国工业废水总排放量181.55亿吨的13.0%。排放废水中化学需氧量（COD）为33.5万吨，占全国工业COD总排放量255.5万吨的13.1%。排放废水中氨氮为1.2万吨，占全国工业氨氮总排放量19.6万吨的6.1%。造纸和纸制品业二氧化硫排放量37.1万吨，氮氧化物排放量22.0万吨，烟（粉）尘排放量13.8万吨。

造纸行业带来的第二方面的资源环境压力，就是木材资源的消耗。森林资源是地球上最重要的资源之一，是生物多样化的基础，它不仅能够为生产和生活提供多种宝贵的木材和原材料，能够为人类经济生活提供多种物品，更重要的是森林能够调节气候、保持水土、防止和减轻旱涝、风沙、冰雹等自然灾害；还有净化空气、消除噪音等功能；同时，森林还是天然的动植物园，哺育着各种飞禽走兽和生长着多种珍贵林木和药材。

目前，全球造纸原料中木材已占到93%以上，而我国木浆比例至2016年仅29%，要达到发达国家的水平，我国需要的木材缺口非常大。与此同时，更严峻的是，世界木浆供应量今后不会大幅增加。因为当代的人们，在经过由于滥伐木材破坏森林，导致各种生态灾难后，人们逐渐认识到保护森林的重要性，从而更加重视保护森林资源的合理利用。

森林是防治水土流失、阻止土地沙化的天然屏障，是净化空气、提高大气质量的天然氧舱，同时，又是诸多动植物赖以生存的天然保护区，对环境保护意义重大。现在，纸业已成为世界木材的最大用户。据统计，造纸用材为世界工业用材的27%，每年消耗7亿~8亿立方米，需要砍伐几千万公顷林地。倘若为发展造纸业而砍伐大量的森林，对环境造成的不利影响同样不可小视。何况我国的森林资源本身就很匮乏，森林覆盖率只有世界平均水平的一半多一点，人均拥有率更是不到1/4。

（三）废纸的循环利用

据统计，我国的纸产量和消费量在2009年分别为8 640万吨和8 566吨板材，双双超过美国，跃升为世界最大的纸与纸板生产国和消费国。我国人均纸消费量也增长迅速，1998年还只有26千克，2007年和2008年分别增至55千克和60千克，2009年为64.4千克，2016年人均年消费量为75千克（13.83亿人）。2007—2016年，纸及纸板生产量年均增长率4.43%，消费量年

均增长率4.05%。我国的人均纸消费量保持了快速增长，并已高于世界平均值（59.2千克），成为世界纸消费第二大国。

因此，我国的纸消费量在未来的10多年，还将有很大的上升空间。同时，也意味着将会有更多的废纸产生被排放到环境中。大量的废纸不但会造成环境的污染，也是对资源的极大浪费。

所以，从节约资源和保护生态环境的层面考虑，迫切需要加强对废纸进行回收利用。有专家对分别利用废纸和木浆制造成品新闻纸的资源和能源耗费比较。具体如下：①利用废纸：造1吨成品新闻纸，大概要用废纸1.4吨，用电1 000千瓦/小时，用水40吨左右。②利用木浆：造1吨成品新闻纸，大概要用木浆1.2吨，用掉木材3立方米（相当于需要砍伐约10棵马尾松），大概要用电800千瓦/小时左右，用水约280吨。而在将木浆做成新闻纸的过程中，还需要耗费大约500千瓦/小时电。将两者进行比较可以发现：用废纸造1吨成品新闻纸，可以节约3立方米的木材，约300千瓦/小时电和240吨水。

同时，回收1吨废纸能生产0.8吨纸，可以少砍伐17棵大树，相当于节约3立方米木材，节省3立方米的垃圾填埋场空间，还可以节约一半以上的造纸能源，减少35%的水污染。相对利用木材和草料造纸，可以节约1.2吨标准煤，600千瓦/小时电，100立方米水。2014年，我国在废纸回收和利用方面继续保持平稳增长态势，全年废纸回收量共计4 841万吨，废纸回收率达48.1%，废纸消耗量为。7 593万吨，废纸利用率达72.5%。

可见，废纸回收利用在减少污染、节约原生纤维资源及能源等方面能产生巨大的经济效益和社会效益，是实现造纸工业可持续发展以及社会可持续发展的一个非常重要的方面。发达国家对废纸回收利用，不论在规模上，还是在生产技术方面都已具有相当水平。如日本的废纸回收率为78%以上，占全部废纸量的

83%；芬兰城市旧报纸、杂志回收率几乎达100%。我国废纸回收率与世界发达国家相比还有明显的差距，废纸回收还有很大的上升空间。

回收的废纸具有广泛的再生用途：纸张的原料主要为木材、草、芦苇、竹等植物纤维，故废纸又被称为“二次纤维”，最主要的用途还是纤维回用生产再生纸产品。根据纤维成分的不同，按纸种进行对应循环利用才能最大程度发挥废纸资源价值。

除再生纸生产外，低品质或混杂了其他材料的废纸，还有其他广泛的再生用途：①生产家具，用旧报纸、旧书刊等废纸卷成圆形细长棍，外裹一层塑胶纸制作实用美观的家具；②模制产品，纸模包装制品可广泛用于产品的内包装，可替代发泡塑料；③日用品或工艺专用品，难于处理的废纸可通过破碎、磨制、加入黏结剂和各种填料后再成型，生产肥皂盒、鞋盒、隔音纸板、装饰纸；④生产土木建筑材料，主要制造隔热保温材料或复合材料、灰泥材料等；⑤园艺及农牧业生产，废纸打浆后制成小花盆，农牧生产中可改善土壤质量，并可加工成牛羊饲料（美国、英国、澳大利亚）；⑥提炼废纸再生酶，提炼再生酶后可用于废纸脱墨，生产白色再生纸；⑦生产葡萄糖，旧报纸用酸处理，溶掉纤维后分解生成葡萄糖。

再来看废纸的再生工艺。废纸的回收利用目前有两类加工方法，即机械处理法和化学机械处理法。机械法大部分不用化学药品，回收所得浆料用于生产包装用纸，如牛皮衬纸、纸板、瓦楞纸等。所用废纸原料主要是不含机械浆的废纸，如瓦楞纸板箱、纸盒、旧书和账本等；但有时也使用含有机械浆的废纸，如新闻纸、杂志纸等。而化学机械处理工艺也就是废纸脱墨工艺，常用的原料为新闻纸、印刷纸和书写纸等。

为了更好地使废纸及纸板的分离成浆，尤其是分离各种彩色

印刷纸的油墨，常在机械处理或化学机械处理之前增加废纸蒸煮处理工艺。下面分别介绍这 3 种工艺。

1. 废纸蒸煮工艺

原始的废纸再生工艺，多采用蒸煮的方式，在加药、加温条件下离解废纸，工艺与操作都较简单，然而能耗较大，制浆效率低而且污染较重。出于节能和环保的要求，国际上逐步以水力碎浆机取代了蒸煮。尽管水力碎浆机的功能也日益改进，但有时仍不能满意地处理着色废纸。因此采用蒸煮工艺处理着色废纸仍在应用，尤其是在水力疏解设备功能较落后的我国。蒸煮工艺又分为高温与低温两种：一是高温蒸煮。一般用于处理胶版纸、着色卡纸、铜版纸（画报、彩色广告、彩色商标）等。其优点是，对彩色油墨的脱除效果好，可提高着色废水纸配浆率，适应较多种类废纸，煮后的浆料白度较高，纸浆柔软、疏松，耗电也较少。而缺点是，纸浆强度下降，排放污染负荷增加，纸浆得率下降等。二是低温蒸煮。其蒸煮温度仅为高温法的一半左右，或采用热分散器进行处理。低温法处理胶印彩色废纸与高温法相比有改善，纸浆白度可达 70%以上，排污负荷大为下降，纸浆得率提高了 4%~5%。

2. 机械处理工艺

废纸经破碎离解后，通过除渣器除去杂物即可送去造纸，用水量较少，水污染较轻。若有需要，也可增加上述蒸煮工艺，以充分离解废纸。

3. 脱墨处理工艺

先用化学方法添加脱墨助剂，将废纸上的油墨溶解成松散的油墨粒子与纤维分离，再用洗涤法或气浮法将油墨粒子从纸浆中除去。也即是说，此工艺主要包括两部分：脱墨剂和洗涤脱墨工艺或者浮选脱墨工艺。

四、废纺织物的综合利用

（一）纺织品概述

早在原始社会时期，古人就开始制造简单的纺织工具，利用自然资源作为纺织和印染的原料，开创了我国纺织与印染技术悠久的历史。丝纤维的广泛利用，大大地促进了我国古代纺织工艺和纺织机械的进步，使丝织生产技术成为我国古代最具特色和代表性的纺织技术，在人类经济生活及文化历史上具有重要地位。闻名于世的丝绸之路，就是把汉代中国的精美丝绸品带到了阿拉伯国家，进而带到了西方国家，对世界的纺织业做出了巨大的历史贡献。因此，我国是世界上最大的纺织品服装生产和出口国，纺织品服装出口的持续稳定增长对保证我国外汇储备、国际收支平衡、人民币汇率稳定、解决社会就业及纺织业可持续发展至关重要。纺织品的原料主要有棉花、羊绒、羊毛、蚕茧丝、化学纤维、羽毛羽绒等。纺织业的下游产业主要有服装业、家用纺织品、产业用纺织品等。

据统计，1978 年时全国人均衣着纤维消费量不到 3 千克，当时的世界平均水平是 7 千克，当时我国是缺衣少穿的时代。2010 年国内人均纤维消费量可能达到 17~18 千克。《2016—2022 年中国涤纶纤维市场发展现状及未来趋势预测报告》中指出：2012 年我国涤纶纤维产量为 3 022.41万吨，同比增长 8.8%，2013 年中国涤纶纤维产量为 3 327.70万吨，同比增长 10.1%，2014 年我国涤纶纤维产量为 3 580.97万吨，同比增长 7.6%。我国作为世界第一大生产国，解决了小康生活需要，成为世界消费第一大国。

（二）纺织业的污染

然而，纺织业同时也是一个高污染行业，快速增长的纺织业给环境带来的巨大的压力。纺织业的消极影响最早引起人们注意

的是废弃纺织品如何处理的问题，即纺织废料的处理问题。对于纺织废料的处理，过去基本上采用堆积、填埋、焚烧等方法，但缺点是，纺织废料的堆积将会占用土地，而且容易造成坍塌；堆积的废料暴露在空气中，聚积灰尘、杂质，影响环境卫生；在雨水作用下，纺织废料上（如使用过禁用偶氮染料或被其他有害有毒物质污染的纺织废料）的染料，及其他有害成分将浸出并渗入地下，污染地下水。填埋处理在地表之下进行，虽然不会影响地面环境，但经过填埋处理的场地在城市中几乎不可再利用，而且将有一笔额外开销；由于化纤本身的不可降解性，特别是合成纤维，化纤废料的填埋会使土壤板结硬化；同样，废料上的有害物质会随水渗入土壤、透入地下，污染土壤和地下水。而对废织物焚烧将产生大量的灰尘，并产生有害气体污染大气，影响环境卫生，而且焚烧后的化纤残留物更不易处理。

2007 年 5 月，国务院下发了《第一次全国污染源普查方案》，纺织业被列为重点污染行业。据环保部统计，印染行业污水排放总量居全国制造业排放量的第五位。有近 60%的行业污水排放也来自印染行业，且污染重、处理难度高，废水的回用率低。化学纤维行业在生产过程中，有些产品大量使用酸和碱，最终产生硫黄、硫酸、硫酸盐等有害物质，对环境造成严重污染；有些则是所用溶剂、介质对环境污染较为严重。

纺织业污染环境的另一种表现是大量纺织废料的排放，这些废料不但浪费资源又造成环境污染。所谓纺织废料，主要包括纺织过程中由于化学作用和机械作用所产生的下脚短纤维，纺织生产过程中产生的回花、回丝、废丝、废纱、废料、碎料布片以及服装裁剪过程中产生的下脚料、边角余料，还有日常活动中丢弃的纺织纤维及其制品。国际上习惯将纺织废料分为“软质”和“硬质”废料。所谓“软质”废料，指的是无须进一步采用过多的处理，即可回入纺纱生产的纺织废料；而“硬质”废料，是指具有纱线结构以及机织、针织、非织造布结构的一切纺织废料。

由上可见，一般的处理方法并不能彻底解决问题，还会带来污染问题。从纺织品处理生态学的角度来看，人们不仅要考虑如何简便地处理纺织废料，还要考虑纺织品上的染料和各种助剂、纺织废料各组分（尤其是化学纤维）在处理过程中对环境产生的影响，并采取有效方法减轻对环境造成的影响。由于人们对环境保护的要求越来越高，废物的处理问题也越来越受到人们的关注。

（三）废织物的回收利用

据统计，纺织品及纺织纤维的废弃物占总城市生活废弃物的3.5%~4%。目前世界的纤维使用量每年达5 600万吨以上，若衣服的平均周期以3~4年计，而纺织品的废弃物以70%左右计，则纤维的废弃物每年约达4 000万吨以上，这些废弃物较多地作为垃圾处理，往往会造成环境污染，若综合利用得当，却会使这些废弃物获得意料不到的效果。

当纺织废料的产生不可避免时，无害废料的再利用便成了重点关注和重点发展的方向，想方设法地让废料变成纺织原料的第二个来源。这样做无疑减轻了纺织废料处理量，节约了原料和能源，提高了资源的利用水平，降低了成本。几十年以来，纺织工业已经无可争议地进入原料回收再利用的阵营中。许多工厂已为废品回收进行成功的经营，国内外都有很多的典范实例。对于废料的回收利用不仅是对生态环境有利，而且经济价值也非常可观。纺织废料就是未来最重要和有价值的材料之一，全世界现在有大量的废料送到现代化的处理工厂进行循环再利用。

目前可通过多种不同的方式和途径来达到纺织废料的循环资源化利用。

对于无穿着价值的废旧纤维织物，通过洗涤、干燥、撕裂等

初级加工后，进行适当处理，可做如下综合利用。

1. 植物纤维综合利用

（1）植物纤维做造纸原料。工艺流程为：废纤维织物—撕裂—漂白—研磨—制浆—抄纸—整理。废旧的植物纤维织物，纤维素含量高、长径比大，是制造高级耐久纸的优质原料，但由于缺乏半纤维素、树脂等胶黏成分，基本上没有结合力，因此，一般需采用机械研磨制浆。对于有色废纤维织物，由于主要使用有机染料，因此，可使用强氧化剂进行漂白。常用的强氧化剂有氯气、二氧化氯、次氯酸钠、过氧化氢、臭氧等。

（2）植物纤维制造纤维素衍生物。植物纤维织物，含有丰富的纤维素，通过化学加工可以获得许多纤维素衍生产品，如纤维素酯、纤维素醚等。

对于废弃的废纤维织物，如果成色较新，可以通过消毒、洗涤、干燥、熨烫等工序处理，捐献给灾民或经济欠发达地区的人们，也可以撕剪成条制作拖布。

2. 纺织废料综合利用

一些纺织废料再加工后可得到以下几类产品。

（1）再加工纤维织物。回收的毛纤维一般长度较长，可以直接纺纱织成粗纺面料或编织毛衣裤。由这种废毛生产的粗纺呢绒或毛衣裤其质量并不比由原毛生产的产品逊色。对于纤维长度较长的再生毛纤维或其他纤维也可掺入纤维使用，采用环锭纺或转杯纺、摩擦纺、平行纺等纱机均可。所得到的纺纱可用于装饰材料、家具面料、桌布、工业用织物、滤布以及各种毛毯、面料、服装衬里等。

（2）再加工纤维非织造布。这是再生纤维应用最为广泛的领域，在工农业生产和各生活领域中应用十分广泛。由于非织造布生产工艺简单、成本低且对原料的适应性能好，因而纺织废料在这个领域中的应用正在逐步扩大。在汽车中主要用于隔音网、绝热网、车座和车体侧面的衬里、车体部分、货车厢、车内地毯等。在家具业主要用于坐垫面、坐垫底层棉褥、装饰材料、填絮及地毯底层毡。在建筑业中用于隔音及绝热网、过滤产品、非织造布和涂层基布、足迹隔音层、土木工程中的填充料等。在纺织行业中，用气流纺和尘笼纺的纺织废料可制作抹布、毯子、家具装饰织物。

（3）再加工纤维填絮料。对于一些质量较差、长度较短的再生纤维经过适当处理后可做填絮料使用。如隔热、隔音层的填絮材料。特别是运动场上所用的聚酯泡沫塑料垫内加入适当的再生纤维后，可大大增加其强度，延长使用寿命。

（4）纸张及再生纤维。棉短绒经剥绒机三道剥绒。头道绒为一类短绒，长度为12~16毫米，可纺49~97号低级纱，可以织棉毯、绒衣、绒裤、绒布、烛芯、灯芯等，还能制造高级纸如钞票纸、打字蜡纸、铜版纸等以及耐磨、轻便的钢纸。二道绒为二类短绒，纤维长度为12毫米以下，这类短绒制成浆粕后，经浓硝酸处理，可制成硝酸纤维素。其中，含氮11%~13%的称中氮硝棉（俗称胶棉），可溶于乙醇–乙醚混合液，配制喷漆。三道绒为三类短绒，绒长不足3毫米，这类短绒经氢氧化钠和二硫化碳处理，可制成粘胶纤维；经醋酐和硫酸处理可制成醋酸纤维。

随着人民生活水平的提高，废旧衣服的数量在快速地加大，以前每6~7年丢弃一套衣服，现在只需2~3年。对于这些废旧衣服，即使一件普通的旧衣服，它所蕴含的作用也是人们所想象不到的。接下来以“废旧衣服的再加工利用”为例说明纺织废料的具体回收利用。

首先，可以从旧衣服中挑选出比较干净、整洁的部分，捐赠给政府和社会福利机构，然后集中消毒整理，再分发给有需要的贫困地区居民，以实现它最大的利用价值。

其次，就是把不能穿用的旧衣服进行回收加工以再利用。普通的衣服因为原料的不同，它可能由棉麻、动物毛、化纤等原料纺织而成，而在回收过程中如果能对废旧衣服从原料种类上单独分拣，那它所形成的资源利用优势将是明显的。

棉花亚麻类纺织品原料属于植物纤维，而植物纤维含有的有机成分较高，人体的穿着舒适感强，也是整个旧衣服纺织品中含量最大的一部分。随着全球耕地面积的逐渐减少，至于我国，耕地面积在这几十年来减少的额度更为严重，导致棉麻种植的产量有大幅降低。而纺织业对于棉麻原料的需求量却在逐步提高，使棉麻原料的价格一路攀升居高不下。这就给棉麻纤维的再生利用创造了一个很好的机遇和极为有利的空间。这类原料的废旧纺织品，经过分拣、剪切、漂白、开松、粉碎等一系列的加工后变成不再绞绕的单纤维（棉花状），那便可以通过再疏棉、抽纱、织布、染色等一系列的加工变成其他纺织品再利用。

动物的毛和绒是更珍贵的和稀缺的纺织原料，特别指出的是，人们通常穿用的毛类服装里面，羊毛、羊绒的比例是最大的，对这类旧纺织品中的羊毛羊绒进行回收利用，就充分挖掘利用了这部分珍贵资源。

一般来说，废旧纺织品的再利用因纤维存在形式可分为交织不分散纤维和分散纤维 2 种方式进行，不分散纤维就是不改变纺织原料的纤维交织结构，按照所需要的形状进行剪切利用，例比，做拖把、拧绳子、包装裹布、工艺拼布等。最直接的方式就是切碎后扔进锅炉烧水发电。

分散纤维加工法是整个纺织品加工利用过程中工艺最复杂，也是用处最多的一种。简单地讲，就是把纺织品中相互交织的纤维再还原成单纤维，使它们相互散开，形成棉花状、棉絮状，甚至更加细碎而变成短绒或粉末状。

再按照纤维的长短来介绍一下它们的用途。如果加工后的纺织品加工成棉花棉絮状，它的纤维长度，韧性，粗细程度基本或者稍逊于原纤维的性能，那么其中纯棉的或是纯化纤的一部分经过除杂、脱色后，可以添加至其他抽纱的原料里面继续使用。其他各种混纺不能分类分拣、不能脱色、颜色混合的纤维可以用作制造无纺布，包装毡，汽车保温被，楼顶屋面保温被，保温门帘，塑料蔬菜大棚保温被等。如果能把原料的纤维短切、粉碎，使纤维的长度达到几个毫米以下，便可以用于添加在水泥、石棉制品中制作建筑材料，例如，水泥瓦、石棉瓦、石棉板、防水油毡，以及广泛用于造纸业。

五、电子垃圾

（一）电子垃圾概述

电子垃圾是指被废弃不再使用的电器或电子设备，主要包括电冰箱、空调、洗衣机、电视机等家用电器和计算机等通讯电子产品等电子科技的淘汰品。电子废弃物种类繁多，大致可分为两类：一类是所含材料比较简单，对环境危害较轻的废旧电子产品，如电冰箱、洗衣机、空调机等家用电器以及医疗、科研电器等，这类产品的拆解和处理相对比较简单；另一类是所含材料比较复杂，对环境危害比较大的废旧电子产品，如电脑、电视机显像管内的铅，电脑元件中含有的砷、汞和其他有害物质，手机的原材料中的砷、镉、铅以及其他多种持久性和生物累积性的有毒物质等。

电子垃圾是当今信息时代的副产物，更新换代的速度实在太快。一边是不断推陈出新的电脑、手机、数码相机，一边则是越堆越高的电子垃圾。目前，电子垃圾已经成为世界上发展最为迅速的废物，仿佛海啸时的巨浪向地球席卷而来，全世界所有国家都在为庞大的、不断增长的电子垃圾而苦恼。据 2010 联合国环境规划署发布的报告，我国已成为世界第二大电子垃圾生产国，

每年生产超过 230 万吨电子垃圾，仅次于美国的 300 万吨。至 2015 年我国电子垃圾产生量已突破 600 万吨，仅次于美国成为世界第二大电子垃圾集散地。到 2020 年，我国的废旧电脑将比 2007 年翻一番到两番，废弃手机将增长 7 倍。电子垃圾与传统垃圾一样，作为工业生产和日常生活中的淘汰品，本身其原有的价值已经出现折扣或丢失，无法再继续使用；但作为一种成分复杂的废弃物，它又具备传统垃圾所不能及的潜在价值。事实上，“电子垃圾”既含铅、汞、镉等有毒有害物质，不同程度存在着污染环境和损害人体健康的现象，亟待引起重视，同时，也含有价金属如金、银、铂等，处置得当可变废为宝，提炼一座优质的“城市矿产”。

（二）电子垃圾对环境和人类健康的影响

电子废弃物的成分复杂，电子垃圾造成严重污染，其中，半数以上的材料对人体有害，有一些甚至是剧毒的。以人们身边最常见的电视、音响、电脑、手机等产品为例，其组件中一般含有 6 种主要的有害物质：即铅、镉、汞、六价铬、聚氯乙烯塑料和溴化阻燃剂。例如，1 台电脑有 700 多个元件，其中，有一半元件含有汞、砷、铬等各种有毒化学物质；电视机、电冰箱、手机等电子产品也都含有铅、铬、汞等重金属；激光打印机和复印机中含有碳粉等。如果对电子垃圾的处理回收方法不当，它对生态环境和社会发展所带来的负面影响也是相当严重的，就会变为让人们避之不及的“毒物”。

电子废弃物被填埋，其中的重金属渗入土壤，进入河流和地下水，将会造成土壤和地下水的污染，经过植物、动物及人类的食物链循环，直接或间接地对居民及其他的生物造成损伤。如电脑显示器罩含有大量的铅和镉。铅的有害影响早已为人们所公认，早在 20 世纪 70 年代就被有的国家禁用于汽油中。铅能损伤人的中枢神经系统、血液系统、肾以及生殖系统，而且会对小孩的大脑发育有负面影响，铅能在环境中累积，从而对动植物、微生物都有强烈而且长久的影响。镉对人体的危害属于不可逆转的一类，它的半衰期约 30 年，可在体内蓄积，损伤肺部、肾脏和骨骼。

各种电子产品的电池中含有铬化物，铬化物透过皮肤，经细胞渗透，可引发哮喘。汞也是广泛使用的金属，液晶显示器、医疗设备、电灯、电池、手机、温度计、开关、传感器都含有汞，汞一旦被排入水中就会转化成甲基汞，甲基汞会随水被植物吸收从而进入食物链，经过一级一级的传递，最终进入到人体内，造成包括大脑、肾、卵巢在内的很多器官的损伤，破坏人体细胞的 DNA 和脑部神经，更严重的是，胎儿的发育会对母体传过来的汞相当敏感。

如果将电子垃圾进行焚烧，其中的有机物将释放出大量的有害气体，如剧毒的二噁英、呋喃、多氯联苯类等致癌物质，对自然环境和人体造成危害。

即使对电子垃圾进行回收，如果拆解不当，非但起不到回收和降解的目的，还会严重威胁人类的生存环境。家庭作坊式的“地下工厂”非法进行简单的拆解回收，将无法利用的零部件直接扔掉或焚烧，无疑会污染空气、土壤和水体；有些拆解作坊为了把旧家电中的金、银、铂等贵重金属提炼出来，采用酸泡和火烧等野蛮操作，所产生的大量废液、废渣和废气会造成严重污染；由于没有保护措施，工人长期暴露在恶劣的工作环境中，皮肤溃烂、血液病、呼吸道疾病、胃肠道疾病和肾结石等多发。与其他非电子垃圾拆解地区相比，皮肤损伤、头痛、眩晕、恶心、胃病、胃、十二指肠溃疡等在当地居民中发生率较高。

简陋家庭作坊式的电子垃圾手工拆解业为当地居民带来的不是预期中的巨大收益，而是灭顶之灾。拆解区水源污染状况十分严重，大大小小的河流成为重金属严重超标的臭水塘，各种各样

的垃圾任意堆放在河边。对拆解区河岸沉积物的抽样化验显示，对环境和身体健康危害极大的铅、铬等重金属含量都超过危险污染标准的数百倍，甚至上千倍，而水中的污染物含量也超过了饮用水标准数千倍。由于有毒物质、废液被填埋或渗入地下，地下水也被污染，导致方圆几十里找不到可饮用的水，居民饮水必须从外地运送。大量有害气体和悬浮物致使空气质量变得非常差，空气中弥漫着刺鼻的味道。由此可看出，电子垃圾实际上已经对人类生存的外部环境，造成了极其严重的危害。

（三）电子垃圾的回收利用

电子垃圾同时也可以看做是一种蕴含巨大价值的再生资源。电子废弃物中所蕴含的金属，尤其是贵金属，其品位是天然矿藏的几十倍甚至几百倍，回收成本一般低于开采自然矿床。研究发现，1 吨随意搜集的电子板卡中，可以分离出 0.45 千克金，143 千克铜、40.8 千克铁、29.5 千克铅、2.0 千克锡、18.1 千克镍、10.0 千克锑。而开采金矿时，每吨金矿砂只能提取 6 克黄金，最多也不过几十克。铜在我国是比较匮乏的资源，铜矿中只要达到 2%的含铜量就可以称作是富铜矿，我国约有 62%的铜依靠进口，而电子电器线路板含铜量将近 30%。日本横滨金属公司对报废手机成分进行分析发现，平均每 100 克手机机身中含有 14 克铜、0.19 克银、0.03 克金和 0.01 克钯。

此外，大家熟悉的电子器具的外壳含铁、塑料、钢或铝，电视机和显示器中的显像管含有玻璃，废旧空调、制冷器含有高精度的铝和铜、电动机含铁、磁体、铜、电脑板卡的金手指上或 CPU 的管脚上含金，电脑的硬盘盘体是由优质铝合金造成，通信工具大量使用锂或镍氢电池，都可以进行相应材料的大量回收再利用。目前我国已进入电器淘汰高峰期，作为资源的综合体，电子废物蕴藏着众多珍贵的资源，对于电子废物的再利用、循环利用是解决资源紧缺及环境污染等问题的重要途径。

在国外，处理电子垃圾是一项专业性很强、技术含量很高的工作，而我国的拆解作坊往往是利用强酸溶解并提取贵金属，废液未经任何处理便直接排放。在财富迅速积累的同时，大量有害物质也不断地释放到环境中。因此，要实现电子垃圾的资源再生，必须要在循环经济理念的指导下，采用有效而经济的技术手段将电子垃圾进行无害化处理，消除污染，变废为宝，才能实现经济利益和环境利益双赢的淘金之旅。

目前处理处置电子废弃物的方法主要有化学处理方法、火法、机械处理方法、电化学法或几种方法相结合。

电子废弃物的化学处理也称湿法处理，将破碎后的电子废弃物颗粒投入到酸性或碱性的液体中，浸出液再经过萃取、沉淀、置换、离子交换、过滤以及蒸馏等一系列的过程最终得到高品位的金属。但在化学处理的过程中要使用强酸和剧毒的氰化物等，会产生大量的废液并排放有毒气体，对环境产生的危害较大。

火法处理是将电子废弃物焚烧、熔炼、烧结、熔融等，去除塑料和其他有机成分富集金属的方法。火法处理也会对环境造成严重的危害。从资源回收、生态环境保护等方面来看，这些方法都难以推广。

机械处理电子废弃物是运用各组分之间物理性质差异进行分选的方法，包括拆卸、破碎、分选等步骤，分选处理后的物质再经过后续处理可分别获得金属、塑料、玻璃等再生原料。这种处理方法具有成本低，操作简单，不易造成二次污染，易实现规模化等优势，是各国开发的热点。

利用微生物浸取金等贵金属是在 20 世纪 80 年代开始研究的提取低含量物料中贵金属的新技术。利用微生物的活动使得金等贵金属合金中其他非贵金属氧化成为可溶物而进入溶液，使贵金属裸露出来以便于回收。生物技术提取金等贵金属具有工艺简单、费用低、操作简单的优点，但浸取时间较长。

第三节　生活垃圾回收利用与低碳

“低碳”这个舶来词，自2009年哥本哈根气候大会后，开始高频率进入国民的视线。低碳即是指较低（或者更低）的温室气体（以二氧化碳为主）排放。基于资源环境的压力，目前全世界对于降低能耗、物耗等资源损耗，减少废物排放、降低污染的非常重视，而低碳经济的特征就是以减少温室气体排放为目标，构筑低能耗、低污染为基础的经济发展体系，是以低能耗、低污染、低排放为基础的经济模式。

通过对垃圾中的废品进行回收资源化再利用，可以减少产品的原材料消耗，从而减少化石燃料消耗和电力消耗。提高各种废品的回收率是减排的重要途径之一。据估计，垃圾（按典型北欧垃圾成分计算）通过回收利用的碳减排潜力0.190~0.505吨CO_2当量/吨垃圾。对垃圾中的废纸、非金属、废玻璃、废塑料进行回收利用均具有较为显著的碳减排潜力，尤其是回收铁，铝等金属的碳排放潜力更为惊人。因此，对垃圾中的可回收物料资源化利用，不但“变废为宝”，更对节能减排具有重要的意义。

日常生活中，低碳减排更需从身边小事做起。少买一件不必要的衣服既可以节约原材料资源，又能减轻纺织行业造成的环境污染。选择衣服材料时，可以选用穿棉织物的服装，而不选用化纤类衣服，因为化纤是从石油、煤炭等矿物提炼得到的。不使用或少使用一次性消费品，如一次性筷子、饭盒、一次性塑料袋、一次性牙刷、一次性水杯等。如一次性木制筷子消耗量十分巨大，其中，每年消耗一次性木筷子450亿双（约消耗木材166万立方米）。每加工5 000双木制一次性筷子要消耗一棵生长30年杨树，全国每天生产一次性木制筷子要消耗森林100多亩（1亩=666.6平方米），一年下来总计3.6万亩。充分利用可循环材料，加强废物的回收利用。在日常生活中注意废弃物的回收，如塑料类饮料瓶、玻璃瓶、易拉罐，旧书、旧杂志、旧报纸、废纸等，不要随手扔掉，可以收集起来统一卖给废品收集者或废品收集商。减少塑料袋的使用，去商店、超市购物时，尽量自备购物袋或者已经使用过的塑料袋。

人类崇尚现代文明、追求高品质的绿色生活的愿望，似乎从来没有像21世纪的今天这样强烈。在生存环境日趋恶化的今天，当原生态环境变得异常珍惜，乃至被视为一种奢侈时，不知道人们是否想过，这样的“原生态”与低碳消费低碳生活有紧密的关联。面对环境污染、资源枯竭的状况，每个人都应该行动起来，从日常生活做起，为保护环境、维护生态尽到一份责任（图2-3）。

图2-3 低碳生活，从我做起

第三章　畜禽废弃物的资源化利用

第一节　畜禽粪便肥料化利用技术及农业循环模式

一、直接施肥

国内外众多文献研究表明，对于畜禽养殖非点源污染的治理应以在较低成本下促进粪尿还田为目标。直接施肥即是将养殖业产生的畜禽粪便不做任何处理，直接排放到农田，用于种植业的作物生长和发育。

该模式的核心是将养殖业产生的畜禽粪便，直接排放到农田，经过在农田的自然堆沤，为农田提供有机质、氮磷钾等养分，用于农田作物的生长发育。通过畜禽粪便缓慢的自然发酵转变为有机肥，将种植业和养殖业有机结合，达到物质和能量在种植业和养殖业之间循环流通的目的。此种模式将畜禽养殖排出的粪便不经任何处理直接用作肥料施入田间，无须专门的设备，节省了费用，省去了粪便处理的时间。然而畜禽粪便不做任何处理直接用作肥料，存在许多缺点。

（1）传染病虫害。畜禽粪便中含有大量的大肠杆菌、线虫等有碍健康的微生物，直接施用会导致病虫害的传播，使作物发病，对人体健康产生坏的影响；未腐熟有机物质中还含有植物病虫害的侵染源，施入土壤后会导致植物病虫害的发生。

（2）发酵烧苗。未发酵的粪便施入地里后，当发酵条件具备时，在微生物的活动下，生粪发酵，当发酵部位距植物根部较近，或作物植株较小时发酵产生的热量会影响作物生长，严重时会导致植株死亡。

（3）毒气危害。生粪在分解过程中产生甲烷、氨等有害气体，使土壤中作物产生酸害和根系损伤。

（4）土壤缺氧。有机物质在分解过程中消耗土壤中的氧气，使土壤暂时性地处于缺氧状态，在这种缺氧状态下，会使作物生长受到抑制。

（5）肥效缓慢。未发酵腐熟的有机肥料中养分多为有机态或缓效态，不能被作物直接吸收利用。只有分解转化成速效态才能被作物吸收利用。所以，未发酵直接施用使肥效减慢。

（6）污染环境。养殖场采用直接施用方式消纳粪便，在农作物施肥高峰时粪便还可处理掉；施肥淡季，粪便无人问津，只好任凭堆积，风吹雨淋，肥效流失，污染环境。

（7）运输不便。未经处理直接使用，粪便体积大，有效性低，运输不便，使用不方便。

为了防止畜禽粪便引起的环境问题，提高施肥效果，要求粪便必须处理后才允许施入农田。随着人们环保意识的增强与施肥规范的完善，应强制要求畜禽粪便必须腐熟后才能施用。

二、现代堆肥发酵

（一）堆肥发酵原理

在我国源远流长的传统农业中，土地“用养结合、地力常新”的观念一直指导着我国农业生产。我国自古以农立国，具有悠久的堆、积、造、沤有机肥的历史和制肥工艺，有机肥料对促进农业生产、保持农业的可持续发展发挥了巨大的作用。长期以来，积造施用有机肥料主要采用传统方法，方法不科学、手段不

先进，最后形成的有机肥料科技含量低，使得有机肥料一直存在着“三低三大”的问题，即有效养分低，体积大；劳动效率低，强度大；无公害程度低，污染大。随着市场经济的发展，传统的做法越来越不适应形势发展的要求，成为制约有机肥料发展和推广的“瓶颈”。人们开始忽视积造农家肥，重视化学肥料，造成了有机养分投入比例明显下降。

我国是人口多、资源相对较少的国家，大部分有机物料没有得到充分利用。把数量巨大的有机物料加以利用，变废为宝，可以产生巨大的经济效益。如果按生产企业的成本效益分析，秸秆、畜禽粪便等加工后可增值40%～50%；按农业增产增收效益分析，高效商品有机肥可提高肥料养分利用率10%～15%，肥料投入产出比化学复合肥高20%左右。随着现代科学技术大规模、大范围在种植业、畜牧业生产中不断推广和应用，农牧业生产力大幅度提高，作物秸秆、畜禽粪便等有机肥料的资源量也随着增加，畜禽粪便量日益增多，它们既是宝贵的资源，又是潜在的污染源，如果处理不当很容易引起环境的恶化，而且也是一种资源浪费。因此，“无公害”处理和工厂化生产有机肥料成为解决禽畜粪便迫在眉睫的问题。特别是随着资源、环境等一系列问题对人类生存和发展的挑战，有机肥再度成为研究的热点，人们开始从更高的层次上认识有机肥的作用。

有机肥料是重要的肥料品种之一，有机肥料在农业可持续发展中将起到越来越重要的作用。现在的研究认为，在有氧气的情况下，堆肥物料中的一些可以利用的物质被其中的微生物分解后用于新陈代谢和繁殖，其中，一部分有机物如长纤维分子等在分解的过程中会散发出大量的热量。有了这些热量，微生物可以更好地繁殖，又会产生出更多的热量。当把这些原料堆积到一定的空间中，则其中热量不易散失，堆体的温度会升高，温度上升后其中的微生物活动则会更加强烈，从而可以迅速分解畜禽粪便成为肥料。而当温度上升到一定高度后并保持一段足够的时间，就可以杀灭原料中的有害病原体，达到消毒的目的。但是如果对堆体不管不问，则时间长了以后，堆体中央就会缺失氧气，使得发酵成为缺氧状态，变成厌氧发酵。现在的研究表明，厌氧发酵不如耗氧发酵分解有机物彻底，还导致发生堆体的臭气增多，而且厌氧发酵所产生的温度也低于耗氧发酵，所以要定期地翻抛堆体，在使堆体的各个部位能够发酵完全的同时，还给堆体中央提供了氧气。这就是现代堆肥与过去农家肥的区别，在质量上远高于农家肥。

耗氧堆肥是在有氧条件下，耗氧细菌对废物进行吸收、氧化、分解。微生物通过自身的生命活动，把一部分被吸收的有机物氧化成简单的无机物，同时，释放出可供微生物生长活动所需的能量，而另一部分有机物则被合成新的细胞质，使微生物不断生长繁殖，产生出更多的生物。在有机物生化降解的同时，伴有热量产生，这些热能不会全部散发到环境中，就必然造成堆肥物料的温度升高，这样就会使一些不耐高温的微生物死亡，耐高温的细菌快速繁殖。生态动力学表明，耗氧分解中发挥主要作用的是菌体硕大、性能活泼的嗜热细菌群。该菌群在大量氧分子存在下将有机物氧化分解，同时，释放出大量的能量。因此好氧堆肥过程应伴随着两次升温，可将其分成 3 个阶段：①起始阶段、高温阶段和熟化阶段。起始阶段：不耐高温的细菌分解有机物中易降解的碳水化合物、脂肪等，同时，放出热量使温度上升，温度可达 15~40℃。在此时期活跃的微生物包括真菌、细菌和放线菌。分解的有机物主要有糖类和淀粉类等。在此阶段除了活跃的微生物以外，还包含螨、千足虫、线虫、线蚁等对有机废物的分解。还有一些高级消费者以真菌、真菌孢子和细菌为食等。②高温阶段：耐高温微生物迅速繁殖，在有氧条件下，大部分较难降解有机物继续被氧化分解，同时，放出大量热能，使温度上升至

60～70℃。在此阶段半纤维素、纤维素等难分解的有机物开始被强烈分解，同时，开始形成腐殖质。堆肥中残留的和新形成的可溶性的有机物质继续被氧化分解。在堆温50℃左右时，堆料中最活跃的微生物主要是嗜热性真菌和放线菌；当温度上升到60℃左右时，嗜热放线菌和细菌比较活跃，而真菌几乎停止活动；当温度上升到70℃时，大多数微生物大批死亡或者休眠。当有机物基本降解完，嗜热菌因缺乏养料而停止生长，产热随之停止，堆肥的温度逐渐下降，当温度稳定在40℃，堆肥基本达到稳定，腐殖质不断增多并且更加稳定。③熟化阶段：冷却后的堆肥，一些新的微生物借助残余有机物（包括死后的细菌残体）而生长，需氧量大大减少，含水率也降低，堆肥过程最终完成。

（二）现代堆肥发酵关键技术

1. 微生物菌剂

堆肥化是微生物作用于废物的生物降解过程，微生物是堆肥过程的主体。堆肥中的微生物，一方面来源于畜禽粪便中固有的大量的微生物种群；另一方面来源于人为加入的特殊的微生物菌种。人为接种微生物培养剂对堆肥进程及堆肥产物的质量历来众说纷纭。在畜禽粪便中原就有大量的微生物，若不添加另外的菌剂这些原料经过微生物的处理也会慢慢堆置成有机肥。有研究表明人为添加了发酵菌剂可以明显缩短有机肥的堆制时间，提高有机肥的质量，而且添加一些好的菌剂在生产出的有机肥中会产生大量的有益微生物，对土壤的改良等方面有更好的作用。这些功能是普通的农家肥所不能比及的。目前认为接种微生物的作用包括：提高堆肥初期微生物的群体，增强微生物的降解活性、缩短达到高温期的时间、接种分解有机物质能力强的微生物。接种高效发酵微生物，不仅能大大缩短堆肥处理时间，而且也有利于堆肥养分的保持，有些微生物还能起到治理堆肥污染物的作用。所以高效的堆肥菌剂对堆肥生产、科研有着很重要的意义。

目前市场上常用的是EM菌剂。该菌剂是由日本教授比嘉照夫发明的，由光合菌、乳酸菌、酵母菌、放线菌、醋酸杆菌等5科10属80多种有益微生物组成。采用适当的比例和独特的发酵工艺，把经过仔细筛选出来的好气性和嫌气性有益微生物混合培养，形成多种多样的微生物群落。在生长中产生的有益物质及其分泌物质成为各自或相互生长的基质（食物），正是通过这样一种共生增殖关系，组成了复杂而稳定的微生态系统，形成功能多样的强大而又独特的优势，使微生物、动物机体与外界环境保持平衡，使机体处于最佳状态。

由于畜禽种类和饲养模式差异大，使得畜禽粪便的成分异常复杂。例如，猪粪的质地比较细，成分复杂，含有较多的氨化微生物，容易分解，而且形成的腐殖质较多。牛粪通常被称为“冷性肥料”，其质地细密，成分与猪粪相似，牛粪中含水量高，通气性差，分解缓慢，发酵温度低，肥效迟缓。鸡粪养分含量高，在堆肥过程中易发热，氮素易挥发等。由于各畜禽粪便的成分、特点的差异，势必在堆肥发酵过程中需要不同的分解微生物。

2. 堆肥设备

堆肥设备是实现现代堆肥机械化生产的关键，对于生产出符合相应的卫生指标和环境指标的堆肥产品至关重要，对于控制堆肥产品的质量意义重大。目前市场上有成套的现代堆肥设备，大致包括计量设备、进料供料设备、预处理设备、发酵设备、后处理设备及其他辅助处理设备。这些设备共同的特点是以工艺要求为出发点，使发酵设备具有改善和促进微生物新陈代谢的功能，在发酵的同时解决自动进料和自动出料的难题，最终缩短发酵周期、提高发酵效率和堆肥的生产效率，实现堆肥规模化生产。

（1）预处理设备。通常计量设备、粉碎设备、混合设备、进料供料设备、分选设备等都被包括在预处理设备中。这些设备在整个堆肥流程的最前端，通过配合预处理工艺，首先可以提高

堆肥物料中有机物的比例，分离出诸如玻璃、石块、金属等不可堆腐之物，用于其他回收处理；其次，可以为发酵设备提供合适的物料颗粒，进而调整微生物新陈代谢速度，提高堆肥厂的生产效率。最后，可以调节堆料的含水率和 C/N 比，使堆肥物料符合堆肥工艺的要求。

（2）发酵设备。发酵设备是堆肥微生物和堆肥物料进行生化反应的反应器装置，是整个堆肥系统的核心和主要组成部分。发酵设备通过翻堆、供氧、搅拌、混合和通风等设备来控制物料的温度和含水率，进而改善和创造促进微生物新陈代谢的环境。市场上的发酵设备商品种类繁多。大致可分为堆肥发酵塔、卧式堆肥发酵滚筒、筒仓式堆肥发酵仓和箱式堆肥发酵池等。

利用畜禽粪便生产有机肥的方法也有很多，主要有箱式堆肥、槽式堆肥、静态垛堆等许多方式。箱式堆肥是在固定容积的箱、盆中堆肥，产量小，产品质量不高，适合家庭利用厨余废料少量生产种花的肥料。静态垛堆产品的发酵不均匀，产品质量难以保证。现在目前研究得比较多的就是槽式条垛堆肥，该方法生产量大，产品质量均匀。槽式条垛堆肥是建立发酵槽，在发酵槽内通过翻堆机根据工艺要求进行翻堆供氧。

翻抛机是发酵设备中的核心。堆肥翻抛的主要作用是控制堆肥过程中的温度，挥发水分，混合增氧，以满足好氧发酵对氧含量的要求，促进畜禽粪便快速、高效地发酵。翻抛机的使用可以起到省时省力的生产效果，是提高堆肥效率和堆肥产品质量的重要措施。目前，我国堆肥翻抛机已有多种产品，槽式翻抛机是畜禽粪便堆肥的主要机型，特点是占地空间小、生产效率较高。但也存在简单仿制国外机型、运行耗能大、翻堆不彻底等问题。翻抛机的创新研制需要明确翻抛机运行原理，在此基础上力求降低投资成本和运行能耗，添加自动控制手段，实现一机多用等。目前已经研制出可以集翻堆、增氧、加湿多功能于一体的翻堆机，不仅翻堆彻底、能耗小，并且集成于自动控制系统中，可以根据工艺要求实现自动翻堆、增氧和加湿。

（3）后处理设备。堆肥物料经过一次发酵和二次发酵后成为熟化的物料。尽管前面的工艺和设备设计严密、功能强大，但依然难以避免后期的物料中有残余的玻璃碴、小石子、碎塑料等杂质。为了提高堆肥产品的质量、精化堆肥产品，设置后处理工艺十分必要。后处理设备主要包括精分选设备、烘干设备、造粒精化设备和包装设备等。经过后处理设备的加工。堆肥产品可以运往市场销售给农户，施于农田、林地、果园、菜园、景观绿地等用于土壤改良剂或者有机肥料。也可以根据市场需求和生产要求，在后处理的过程中添加氮、磷、钾等营养元素后制成有机—无机复混肥、作物专用有机肥等产品。

（4）其他辅助设备。辅助设备还包括用来完成物料在设备间的运输与传动，以及对堆肥过程中产生的二次污染物处理的设备。

堆肥厂内物料的运输与传动形式很多。关键在于根据工艺要求的合理选择，这是确保工艺流程顺利实施的保证。堆肥厂的运输和传动装置主要用于堆肥厂内物料的提升与搬运，完成新鲜物料、中间物料、堆肥成品和二次废物残渣的搬运等。

堆肥厂的顺利运营需要满足作业环境和周围环境各项规定的要求，这必然要求在工艺设计过程中采取有效的措施防止臭气、粉尘、噪声、振动、水污染等二次污染的发生。堆肥过程中会产生大量臭气，这是堆肥厂面对的头等二次污染问题。臭气物质主要是氨、硫化氢、甲硫醇、甲胺等。对此，堆肥工艺设计过程中需要考虑到堆肥过程控制臭味物质逸出、建立臭味收集和处理系统。常用的方法：一是在堆肥过程中向物料中添加具有除臭功能的微生物，能将臭味物质在逸出堆料之前进行降解利用；二是安装除臭设备，对逸出的臭味物质进行收集和进一步处理。目前，

国内外废气处理装置，一般采用流体洗涤床、喷雾塔等。这些设备均是采用水浴洗涤、喷淋的基本原理，为了较充分的洗涤，增加废气与水的接触时间，要减慢气体流速，因此，在处理较大流量的废气时，其设备的体积要相应增大，异味脱除剂配置系统更加复杂，同时，带来了能源消耗大、运行费用高的问题。北京农学院农林废弃物资源化利用团队发明了一种新型的湍旋式废气处理装置。该装置主要由 pH 值仪、排污口、进气口、初级处理段、湍旋变速器、强化处理段、气体脱水段、排气口等几部分组成，它还包括各处理阶段的异味脱除剂供给系统。从发酵室排出的废气，由进气口进入装置的初级处理段，由于进气口的切线导向作用，废气在初级处理段内与液状异味脱除剂供给系统喷出的异味脱除剂发生碰撞，充分混合，反应后产生的固体在离心力的作用下，沉降到排污口排出。初级净化后的气体经湍旋变速器进入强化处理段，在湍旋变速器的作用下，气体高速旋转湍流状促进强化转质。在强化处理段上部喷出的异味脱除剂发生激烈碰撞，使气、液两相充分混合，相互作用，异味脱除剂与有机、无机硫化物、氨等带有异味的气体发生反应，产生微量的中性固体颗粒，在离心力及重力的作用下，沿装置内壁留下，经排污口排出。净化后的气体进入脱水处理段，在导流器的作用下，气体将水分脱掉，净化后的气体经排气口排放。该装置结构合理、工艺简单、体积小、能处理较大流量的废气、耗能低、运行费用低、净化效率高、使用寿命长。适用于畜禽粪便等有机物发酵过程中产生的带有异味的气体排放的净化工程。

现代堆肥生产中，工艺设计越来越趋向于自动化和智能化。与上述预处理设备、发酵设备和后处理设备相配套，将各种设备技术集成进行统一控制的自动控制系统和设备，近年来备受堆肥厂青睐。

自动控制系统由控制台、数据采集器、电器控制柜、检测设备和调控设备五部分组成的一个闭环控制系统。控制台是监控系统的核心，是人机对话的窗口。控制台由一台 PC 机和专用软件构成，完成对现场各种参数数据的显示、存储和分析，并能按照预定的生产工艺曲线向调控设备发出调控动作指令。数据采集器：是控制台连接电器控制柜和检测设备的通信枢纽、神经中枢，它将控制台、电器控制柜和检测设备连成一个整体，完成数据的上传和指令的下达。电器控制柜：将控制台的动作指令转换成调控设备的动作信号，控制相应的调控设备动作。检测设备：由温度、湿度和气体传感器组成，实时监测现场的各种参数，并通过数据采集器上传给控制台。调控设备：根据电器控制柜的控制信号，分别完成堆料翻抛、加氧、通风、加湿、加热等动作，实现现场环境参数的最优化。

（三）堆肥工艺

1. 影响堆肥的因素

影响堆肥的因素很多，要想得到优质的肥料，就必须对一些因素进行人为控制，并找到最合适的参数组合。

（1）辅料。添加辅料的目的是为了调节堆体的 C/N、水分和孔隙度等。通常选择的辅料应该是干燥、吸水能力强、能够起支撑作用的廉价材料。如何惠霞等利用稻壳粉为调理剂，调节含水量。徐瑁等研究表明，利用细小的秸秆作为调理剂，有利于加快堆肥进程，提高堆肥效率。A. M. Torkashvand 等用尿素调节 C/N，来发酵甘蔗渣等有机废弃物，得到了很好的效果。

（2）水分。在堆肥化过程中，水分是一个重要的因素。堆肥的起始含水率一般为 50%～60%。最低不低于 40%。水分过低，堆肥环境不适合微生物生长；水分过高，则堵塞堆料中的空隙，影响氧气进入而导致厌氧发酵，减慢降解速度，延长堆腐时间。

（3）通风。通风可以用来控制堆肥过程中的温度和氧含量，

因此，通风被认为是堆肥系统中最重要的因素。通风量过大，带走大量水分和能量，降低堆体温度；通风量不足，不能满足好氧微生物生存需要。大部分研究者认为堆体中的氧含量保持在5%~15%比较适宜。

（4）pH值。在堆肥化过程中，pH值是一个重要的因素。微生物生长繁殖需要一定的酸碱度，一般细菌适合中性环境，放线菌适应偏碱性环境，酵母菌和霉菌适于在偏酸环境中生长，因此，找到合适的pH值环境，对堆肥有着重要的意义。如果所用菌株pH值环境相似，那么两株菌株共同作用的机会就会很大。一般来讲，pH值在6~9都可以进行堆肥化。但有研究发现，在堆肥初期堆体的pH值降低，低的pH值有时会严重地抑制堆肥化反应的进行。

（5）C/N。碳源是微生物利用的能源，氮源是微生物的营养物质。堆肥化操作的一个关键因素是堆料中的C/N比，其值一般在20~30比较适宜。在堆肥过程中，碳源被消耗，转化成二氧化碳和腐殖质物质，而氮则以氨气的形式散失，或变为硝酸盐和亚硝酸盐，或是由生物体同化吸收。研究表明，堆料起始C/N比对堆肥N素损失影响很大，C/N比与NH，挥发量有极显著的负相关。

（6）微生物。微生物是堆肥过程的主要影响因子。在堆体中加入微生物能起到去除堆体臭味，缩短堆肥时间，提高堆肥质量的作用。研究表明，单一的细菌、真菌、放线菌群体，无论其活性有多高，在加快堆肥化进程中都比不上多种微生物群体的共同作用。在堆肥中所用的微生物菌剂，是适用于无害化作用的有益微生物优良菌株（包括芽孢杆菌、放线菌、乳酸菌、丝状真菌和光合菌等多种微生物），应用优化微生物生态学技术培养微生物形成的微生物菌剂。

在好氧堆肥过程中，微生物的活动、演替比较复杂，根据堆肥过程中的温度变化，可将其分为3个阶段。即包括好氧微生物在分解有机物过程中释放热量而造成温度不断上升的升温阶段；纤维素和半纤维素等难分解物质被利用的高温阶段以及对较难分解有机物做进一步降解的降温阶段，同时，微生物种群也发生相应的变化。这3个阶段由于环境不同，其作用的菌群也有所不同。细菌是中温阶段的主要作用菌群，对发酵升温起主要作用，主要包括一些中温细菌，也会有些中温真菌。放线菌是高温阶段的主要作用菌群，主要是一些嗜热菌群。芽孢杆菌、链霉菌、小多孢菌和高温放线菌是堆肥过程中的优势菌种。

堆肥中利用的微生物目前主要来源于两个方面：一是从各类有机废物中筛选出的固有的微生物种群，二是人工加入的特殊菌种。李鸣雷等（2007）从麦草与鸡粪好氧堆肥中分离出2种优势真菌，应用于堆肥中，能够有助于堆肥温度的快速提高并延长了堆肥的高温期，促进了堆料的矿质化水平。刘克锋等（2003）利用从猪粪中筛选出来的菌种进行室内发酵菌剂筛选试验，找到了3种对促进猪粪、城市垃圾腐熟有利的菌剂。朴仁哲等（2005）用VIP-土壤有机腐熟剂（菌种为商品名，采集延边地区山林树叶中的微生物，经韩国有机农业公司委托韩国生物科学院分离并重组而成），对鸡粪接种，结果表明，细菌和放线菌是堆肥过程中的主要作用菌群，VIP-土壤有机腐熟剂的接入也可有效改善鸡粪堆肥中的微生物群落变化。EM菌是比较成熟的堆肥菌剂，EM菌是日本琉球大学农学部的比嘉照夫教授在20世纪70年代开发研制的，是英文Effective Microorganisms的缩写，可译成有益微生物群。袁芳等（2005）对EM的有效微生物组成进行了分类鉴定，得出了EM有效微生物的主要菌种为光合细菌、乳酸菌、酵母菌和乙酸菌。

2. 现代堆肥工艺程序

传统的堆肥技术通常采用露天堆积，堆料内部处于厌氧环

境，这种发酵方法占地大、时间长，而且发酵不彻底。现代堆肥工艺通常采用好氧堆肥工艺，其基本堆肥流程包括前处理、一次发酵、二次发酵、后处理和贮藏等工序。

（1）前处理。前处理的主要任务是调整水分和 C/N 比。前处理的工作还包含粉碎、分选和筛分等工序。这些工序可以去除粗大的玻璃、石头、塑料布等粗大垃圾和不能堆肥的垃圾，并通过粉碎使堆肥原料的含水率达到一定程度的均匀化，同时，在堆肥过程中保持一定的孔隙。使原料的表面积增加，便于微生物定植和活动，从而提高发酵的效率。在此阶段降低水分、增加透气性和调整 C/N 比的主要措施是添加有机调理剂和膨胀剂。例如，加入堆肥腐熟物，调节起始物料的含水率，或者添加锯末、秸秆、稻壳、枯枝落叶、花生壳、褐煤、沸石等。

尽管对于人为添加微生物菌剂对堆肥的作用尚有争议，但是在前处理阶段添加一定量的微生物菌剂有利于堆肥进程的展开。在堆肥初期添加接种剂能够提高堆肥初期微生物的群体，增强微生物的降解活性，达到促进堆肥腐熟、缩短堆肥周期的目的。在堆肥初期添加合适的固氮菌有利于减少堆肥过程中氮素的损失，提高堆肥产品的养分含量。

在前处理时期接种营养调节剂，例如，糖、蛋白质、氯化亚铁、硝酸钾、磷酸镁等物质，能够为堆肥中的微生物繁殖提供易于利用的营养物质，从而增加堆肥开始时的微生物活性，加快堆肥的腐熟进程。

针对畜禽粪便产生臭味和堆料中重金属、抗生素、雌激素污染物残留等问题，建立有机肥好氧发酵臭气处理工艺和消除特征污染物的工艺技术体系十分必要。这些工艺技术与上述畜禽粪污处理设备和专用微生物菌剂进行有机组合和升级优化，进一步形成适于牛粪、猪粪、羊粪、鸡粪和鸭粪五大类主要畜禽粪便的处理技术体系，用于安全优质有机肥产品的加工和生产。

随着我国规模化畜禽养殖业的快速发展，源于饲料重金属添加剂和兽药残留污染的畜禽粪便大量产生。据统计，我国每年使用的微量元素添加剂为15万~18万吨，有10万吨左右未被动物利用而随禽畜粪便排出，集约化畜禽养殖场的畜禽粪便已成为一些污染物的富集库。由于大部分商品有机肥中的重金属含量远远高于土壤背景值，长期大量施用会导致重金属元素在土壤中的累积，最终影响食品安全，而且还存在进入食物链最终危害人体健康的安全隐患。人们对重金属元素通过饲料添加—禽畜吸收—禽畜排泄—施入土壤—作物吸收这种途径，进入人类食物链而影响人类健康的危害性日益受到重视。此外大量的劣质、富集重金属和兽药抗生素、激素类污染物的有机肥在农田中推广施用，将会对生态环境、土壤质量、农产品安全和人类自身生存造成严重的后果。因此，现代堆肥工艺在预处理阶段应该添加重金属钝化剂、激素类和抗生素类强氧化剂等，对堆肥中的重金属进行钝化，并对堆肥中的兽药抗生素类物质和激素类物质进行彻底降解，从而保证堆肥产品的安全，可以用于当前绿色食品和有机食品的生产。

（2）一次发酵。一次发酵又称为主发酵。现代堆肥中通常将堆料置于发酵池（装置）内，通过翻堆或者强制通风向堆料中供应氧气。堆料在嗜温菌的作用下开始新陈代谢，首先将易分解的物质分解为二氧化碳和水，同时，产生热量，使堆温上升。在温度上升到45~65℃时，嗜热菌取代嗜温菌。此时要注意避免温度过高。在温度过高时通过翻堆通风的方式进行调整。在保持高温一段时间后，堆料中的各种病原菌被高温杀灭，堆肥温度逐渐下降。一次发酵通常维持4~12天，是从堆肥至温度升到最高再开始下降的那段时间，即包括起始阶段和高温阶段。

（3）二次发酵。二次发酵又称为后发酵。此阶段接着上述一次发酵的产物继续进行分解。将一次发酵阶段未分解和分解不彻底的有机物进一步分解转化为腐殖酸、氨基酸等比较稳定的有机物，实现堆肥产品的完全腐熟。此阶段时间较长，通常在20~30天。

（4）后处理。对于经过一次发酵和二次发酵的堆肥产物，已经成为粗有机肥产品，可以直接用于农田、果园、菜园等；也可经过进一步的精选，制成精有机肥产品，或者根据市场需求和生产要求，添加氮磷钾等制成有机—无机复合肥，做成袋装产品，用于种植业、林业生产之中。

三、基于畜禽粪便肥料化利用的农业循环模式

在我国源远流长的传统农业中，土地“用养结合、地力常新”的观念一直指导着我国农业生产。我国自古以农立国，具有悠久的堆、积、造、沤有机肥的历史和制肥工艺，有机肥料对促进农业生产、保持农业的可持续发展发挥了巨大的作用。现代有机肥料生产趋向规模化、商品化生产，能克服传统有机肥料诸多缺点。商品有机肥料的优势在于它能扬长避短、取优补缺，增产、增收效果好，而且原料丰富。产品科技含量不断提高，在农业生产中越来越受到广大农民的欢迎。

以现代堆肥发酵技术为中心的“种—养—加”模式的核心是：种植业的作物秸秆与养殖业的畜禽粪便在一定的工艺和设备条件下，经过生物发酵处理，生产出高品质的有机肥，将有机肥再用于种植业生产，将物质和能量在种植业与养殖业之间形成循环。该模式可以农业龙头企业为主体，也可以家庭农场、专业合作社等新型农业经济体为主体；加工生产的有机肥品种可以是常规的有机肥、生物有机肥、有机一无机复合肥等。

第二节　畜禽粪便饲料化利用技术及农业循环模式

一、新鲜粪便直接做饲料

新鲜粪便用作家畜饲料，简便易行。将鲜兔粪按照 3∶1 代替麸皮拌料喂猪，平均每增重 1 千克活重节省 0.96 千克饲料，且猪的增重、屠宰率和品质与对照组没有差异。

鸡粪尤其适于该种方法。由于鸡的消化道短，食物从吃入到排出约 4 小时，所食饲料的 70%左右的营养物质未被消化而直接排出。在排出的鸡粪中按照干物质计算，粗蛋白含量为 20%～30%，氨基酸含量与玉米等谷物相当甚至还高，富含微量元素等。因此，可以利用鸡粪代替部分精料来饲喂猪、牛等家畜。正如前面所述，鸡粪做饲料的安全性问题不容忽视。鸡粪中含有吲哚、脂类、尿素，其中，还有病原微生物、寄生虫等，由于其复杂的成分组成，鸡粪在家畜饲料时容易造成畜禽间交叉感染或传染病暴发。因此，在使用之前，可以用福尔马林溶液（含甲醛的质量分数为 37%）等化学药剂进行喷洒搅拌，24 小时后其中的吲哚、脂类、尿素、病原微生物等就可以被去除。也可以用接种米曲霉和白地酶，然后用瓮灶蒸锅杀菌达到去除有害物质和病原微生物的目的。

二、青贮

该方法简单易行，效果好，使用较为普遍。具体的做法是：将新鲜禽粪与其他饲草、糠麸、玉米粉等混合，调节混合物的含水率为 40%左右，装入塑料袋或者其他容器内压实，在密闭条件下进行贮藏，经过 20～40 天即可使用。该方法处理过的饲料能

够杀死粪便中的病原微生物、寄生虫等，尤其适于在血吸虫病流行的地区使用。处理过的饲料还具有特殊的酸香味道，可以提高饲料的适口性。

三、干燥法

该方法主要是利用高温，使畜禽粪便中迅速失水。该方法处理效率高效，且设备简单，投资少。经过处理的粪便干燥后，不仅能更好地保存其中的营养物质，且微生物数量大大减少，无臭气，也便于运输和贮存，满足卫生防疫和商品饲料的生产要求。常用的技术有自然干燥、高温快速干燥和烘干等。

1. 自然干燥

将畜禽粪便除去杂物后，粉碎、过筛，置于露天干燥地方，经过日光照射后可作为饲料用。此方法具有投入成本低、操作简单的优点。由于该方法占地面积大，受天气影响大，如果碰上连续阴雨，粪便难以及时晒干。另外，干燥时处于开放的空间，会有臭味产生，氨挥发严重，干燥时间越长，养分损失越多，产品的养分含量降低。此外，也存在病原微生物、杂草种子和寄生虫卵等消灭不彻底的问题。如果有棚膜条件的，可以先将粪便进行初步脱水后，然后在棚内晾晒，效果较好。

2. 高温快速干燥

该方法是采用燃煤、电力等产能对粪便进行人工干燥。该方法不仅需要消耗能源，还需要基本的设备投入——干燥机。目前常用的干燥机大多为回旋式滚筒干燥机。例如鲜鸡粪的含水率通常为70%~75%，经过滚筒干燥，受到500~550℃；甚至更高温度的作用，鸡粪中的水分可以降低到18%以下。该方法的优点是干燥速度快、不受天气影响，适合批量处理，同时，可以快速达到去臭、消灭病原微生物、寄生虫卵、杂草种子有害气体和有害生物的目的。但是该方法一次性投资较大，煤电等耗能高，在干燥时处理恶臭的气体耗水量大，特别是在处理产物再遇水时极易产生更加恶臭的气味。该方法应用比较广泛。

3. 烘干膨化干燥

该方法是利用热效应和喷放机械处理畜禽粪便，达到既除臭又消灭病原微生物、寄生虫卵和杂草种子的目的。该方法适于批量处理畜禽粪便，但也存在一次性投资大、能耗高等问题。在夏季批量处理鸡粪时，仍然有臭气产生，需要较高的成本再进行除臭。该方法应用比较广泛。

4. 机械脱水

该方法是利用物理压榨或者离心的方式加速畜禽粪便的脱水，可以批量处理畜禽粪便。但是也存在一次性投入高，能耗高，仅能脱水而无法解决臭气污染问题。该方法应用较少。

四、发酵法

1. 普通发酵法

该方法主要是利用畜禽粪便中原有的微生物在合适的条件下进行新陈代谢，在产生热量的同时，消灭粪便中的病原微生物、寄生虫卵和杂草种子等。

以鸡粪为例：将玉米粉、棉粕或菜粕按照 1：1 的比例，其中，添加 0.5%的食盐，搅拌均匀制成混合料。根据鲜鸡粪的含水率加入预制的混合料，调整物料用手紧握能成团，轻触即散的状态。然后堆置成高 0.6 米，宽 1.0 米的梯形堆，长度根据空间而定，没有限制。堆积时让物料保持自然松散的状态，不可踩压。在堆积完成后，表面覆盖草帘、秸秆等透气保温材料。堆料中本有的微生物开始分解其中的有机物，同时产热，维持堆体的温度 55%～65%就可以灭绝绝大多数病原微生物和寄生虫卵，并将鸡粪中的非蛋白氮转化为菌体蛋白，同时，产生 B 族维生素、抗生素及酶类等有益成分。一般堆积 36 小时后即进行 1 次翻堆，

期间如果堆体温度下降，则说明堆体中的氧气耗尽，需要及时进行翻堆增氧。翻堆后 2~3 天可将发酵料在日光下暴晒干燥，干燥后的鸡粪发酵料粉碎，去除其中的鸡毛等杂质，即可装袋用于家畜饲喂。用该方法生产的鸡粪饲料具有清香味，适口性很好。

在发酵前，也可在发酵料中添加适量的能量饲料，或者遮挡鸡粪不良气味的香味剂，如水果香型、谷香型等，以增强适口性。或者为了弥补鸡粪中粗蛋白可利用能值较低，与玉米粉等能量饲料混合，调整能氮比，用于促进瘤胃微生物群落发育，增强牛羊等反刍家畜对鸡粪饲料的适应性。也可考虑将发酵产物制成颗粒型饲料，方便运输、贮藏和食用。

2. 两段发酵法

两段发酵法是在新鲜鸡粪中添加外源微生物，通过好氧发酵与厌氧发酵相结合的方法制备饲料。具体的制作技术如下。

将新鲜的鸡粪进行去杂，去除鸡毛、塑料等不适于发酵的杂物。然后按照 32.5%的鲜鸡粪、40%木薯粉或米糠、15%麸皮、10%玉米面、2%食盐的比例，并加入 0.5%已激活的活性多酶糖化菌进行充分搅拌。调节混合物料的含水率达到 60%左右，即以手握物料指缝中见水而不滴下为宜。然后用塑料布覆盖堆料。保持在 28~37℃进行好氧发酵，发酵 12 小时后翻堆，继续好氧发酵 24 小时。然后将堆料装入水泥池中或者足够大的容器中，层层压实，在堆体上面覆盖一层塑料布，并用细沙等覆盖。确保不透气。继续进行厌氧发酵，期间会产生挥发性脂肪酸和乳酸等有机酸性物质，能显著抑制白痢杆菌等肠道病菌的繁殖，提高食用畜禽的抗病性。经过 10~15 天后，即可制成无菌、营养丰富、颜色金黄、散发苹果香味的饲料。制成的饲料还可以通过自然晾晒或者机械烘干的方式进一步脱水加工制成颗粒饲料。

3. 微发酵法

此方法适合于鸡粪饲料化，具体方法如下。

（1）准备微贮设施和原料。如果鸡场规模在100只以上。可以选择离鸡舍较近、地势高燥、向阳、排水良好的地方，挖土窖或者建水泥池作为微贮窖。鸡场规模在100只以下，也可以不建微贮窖，直接用2个大水缸进行微贮。

根据鸡粪的量，按照每1 000千克鸡粪，添加食盐2千克、尿素3千克、草粉（木薯粉或者米糠等）250千克的比例准备原料。同时，准备10克鸡粪发酵培养基和适量塑料膜。

（2）微贮鸡粪饲料的制备。选用新鲜无污染的鸡粪，首先去除其中的鸡毛、塑料等不能发酵的杂物。再准备适量的水，依次将食盐、尿素、相应的鸡粪发酵培养基溶解于水中，制备成培养基溶液。然后将配置好的培养基溶液和草粉分别加入到鸡粪中，边搅拌边加水，使其混合均匀，并随时检查混合料的含水率，调整其含水率达到60%左右。现场检验的标准是以手握物料指缝中见水而不滴下为宜。然后将建造的微贮窖的底部铺上一层塑料布（如用水缸可直接装入物料），将物料分层放入，每层装入20~40厘米，踏实压紧，排出空气。物料装至略高于窖口或者与缸口平齐，上面覆盖一层塑料布进行密封，再在上面覆盖黄土或者沙土50厘米左右。彻底密封。之后经常检查，确保密封良好，并防水渗漏等。经过7~15天即可完成发酵过程，可用于饲喂。

4. 现代发酵法

随着畜禽养殖规模化、集约化程度提高，畜禽粪便的产量大增，以上发酵方法不适于大规模处理，可以利用翻堆机进行规模化好氧发酵。发酵过的畜禽粪便产物应用灵活，既可以用于饲料，也可以用作肥料，还可以用于水产饲料的添加剂。该方法在宁波市应用效果很好。

五、分解法

该方法是利用畜禽粪便饲养蝇、蛆、蚯蚓、蜗牛等动物，再

将动物粉碎加工成粉状或浆状，用以饲喂畜禽。蝇、蛆、蚯蚓、蜗牛等动物将畜禽粪便中的有机物转化成自身的生长发育，这些动物体内含有丰富的蛋白，都是很好的动物性蛋白质饲料，且品质很高。

1. 蝇蛆饲养与利用

蝇蛆具有丰富的营养成分，据测定干蝇蛆粉中含有粗蛋白59%~65%、脂肪12%、氨基酸总量为43.83%，再加上苍蝇的繁殖能力惊人，利用畜禽粪便饲养蝇蛆，既处理了畜禽粪便，又生产出了批量高品质的动物性蛋白饲料，经济效益很高。

据戴洪刚等介绍，采取集约型规模化生产设施，通过工程技术手段，实行紧密衔接的操作工序，集中供给蝇蛆滋生物质，连续生产大量蝇蛆蛋白。该方法采用两道车间工序，包括种蝇饲养和育蛆，组成一体化生产程序。种蝇严格采用笼养，商品蛆批量产出，批量收集处理。

（1）种蝇饲养。该程序包括蝇种羽化管理、产卵蝇饲养、蛆种收获与定量、种蝇更新制种等工序。

饲养种蝇的房间要求空气流通、新鲜，温度保持在24~30℃，相对湿度在50%~70%，每日光照能保证10小时以上。种蝇采用笼养，目的是让雌蝇集中产卵。

蝇笼是长、宽、高各为0.5米的正方形笼子，通常利用粗铁丝或竹木条等做成。蝇笼的外面用塑料纱网罩上，并在其中一面留1个直径20厘米的圆孔，孔口缝接1个布筒，平时扎紧，使用时将手从布筒伸入圆孔内便于操作。

笼架上主体放三层蝇笼。每笼养种蝇1万~1.5万只。首批种蝇可以购买引进无菌蝇或自行对野生蝇进行培育。将蛆育成蛹或将挖来的蛹经灭菌后挑选个大饱满者放进种笼内待其羽化即成无菌蝇种。笼内放水盘供种蝇饮水，需要每日换水。笼内放食盘，每日供应新鲜的由无菌蛆浆、红糖、酵母、防腐剂和水调成的营养食料。需要准备产卵缸和羽化缸。产卵缸内装有对水的麸皮和引诱剂混合物，用来引诱雌蝇集中产卵。需要每日将料与卵移入幼虫培育盒内后更换新料。羽化缸是专供苍蝇换代时放入即将羽化的种蛹。

（2）种蝇淘汰。实现全进全出养殖法。即将 20 日龄的种蝇全部处死，然后加工成蝇粉备用，蝇笼经消毒处理后再用于培育下一批新种蝇。

（3）蛆的养殖。需要建立专门的育蛆房，要求温度保持在 26～35℃，湿度保持在 65%～70%，室内设有育蛆架、育蛆盆、温湿度计及加温设施等。由于幼虫怕光，因此，育蛆房内不需要光照。育蛆盆内实现装入 5～8 厘米厚的以畜禽粪便为主的混合食料，湿度 65%～75%。然后按照每千克食料放入 1 克蝇卵的比例，经过 8～12 小时卵即可孵化成蛆，通常每千克猪粪可以育蛆 0.5 千克。

经过 5 天蛆即可养育成熟，除留种须化成蛹以外，其余的蛆可以采用“强光筛网法”或者“缺氧法”，引导蛆与食料自行分开，然后全部收集起来经烤干加工成蛆粉即为饲料，可以替代鱼粉配制混合饲料。

（4）选留蛹种。蛆化成蛹后用筛网将其与食料分离，然后挑选个大饱满者留种，放入蝇笼的羽化缸内，待其羽化即完成种蝇的换代。暂时不用的蛹也可以放入冰箱内保存，可存放 15 天。

2. 蚯蚓培养和利用

蚯蚓养殖有基料和饲料之分，蚯蚓养殖的成功与否，饲养基制作的好坏至关重要。饲养基是蚯蚓养殖的物质基础和技术关键，蚯蚓繁殖的快慢，很大程度上取决于饲养基的质量。

（1）基料。蚯蚓在基料中栖身、取食，因此，基料是蚯蚓生活的基础，要求发酵腐熟、适口性好，具有细、烂、软，无酸臭、氨气等刺激性异味，营养丰富、易消化的特点。合格的饲养

基料松散不板结，干湿度适中，无白蘑菇菌丝等。

基料的具体制作方法如下。

将畜禽粪便和各种植物的秸秆杂草、树叶或者草料等按照3：2的比例进行混合。其中，畜禽粪便的种类可以是新鲜的猪粪、牛粪等种类，但是鸡粪、鸭粪、羊粪、兔粪等适合做氮素饲料的粪便不宜单独使用，且以不超过粪便总量的1/4为宜。植物秸秆杂草或者草料等需要进行预处理，切成10～15厘米为宜。干粪或工业废渣等块状物应大致拍散成小块。堆制时，先铺一层20厘米厚的草料，再铺一层10厘米厚的粪料，如此草料与粪料交替铺6~8层，堆体大约达到1米高，堆体的长度和宽度随空间而定，无特殊限制。堆料时要保持料堆松散，不能压得太实。料堆制成后慢慢从堆顶喷水，直至堆体四周有水流出。用稀泥封好或者用塑料布覆盖。通常料堆在堆制的第二天即开始升温。4~5天即可上升至60℃以上，10天后进行翻堆。翻堆时将草料与粪料混合拌匀，将上层翻到下层，将四周的翻到中间。同时，检验堆料的干湿程度，如果堆料中有白色菌丝长出，则说明物料偏干，需要及时补水。翻堆结束后重新用稀泥或者塑料布封好。再过10天进行第二次翻堆，与上次翻堆操作相同。如此经过1个月的堆制发酵即制成适于蚯蚓养殖的基料。

基料在发酵制作过程中主要经历了以下3个阶段。

前熟期：该时期也称为糖料分解期。基料堆制好喷水，在3~4天内，堆料中的碳水化合物、糖类、氨基酸等可以被高温微生物分解利用，待温度上升至60%以上，大约经过10天，温度开始下降，至此完成前熟期。

纤维素分解期：在前熟期结束后进行第一次翻堆，在翻堆的同时检验堆料的含水量，调整水分在60%～70%，重新制堆后，纤维素分解菌即开始分解纤维素，此过程完成需要10天，之后进行第二次翻堆。

后熟期：在第二次翻堆时，随时检验、调整堆料的含水量，使堆料水分保持在60%～70%，重新制成堆体，即开始对前期难降解的木质素进一步分解，此时期发挥作用的主要是真菌。此时期木质素被分解，发酵物料呈现黑褐色细片状。在此时期，堆料中的其他微生物群落也出现特有的演替，各种微生物交替出现死亡，微生物逐渐减少，死亡的微生物遗体残留在物料中成为蚯蚓的好饲料。至此基料的制作过程完成，可进行品质鉴定和试投。

良好的基料需要完全腐熟。腐熟的标准是：基料呈现黑褐色、无臭味、质地松软、不黏滞，pH 值在 5.5～7.5。基料试投时应该先做小区试验，其中，投放 20～30 条蚯蚓为宜，1 天之后观察蚯蚓是否正常。如果蚯蚓未出现异常反应，则说明基料发酵成功。如果蚯蚓出现死亡、逃跑、身体肿胀、萎缩等现象，则说明基料发酵不成功，需要进一步查明原因或重新发酵。如果实际操作中，没有时间安排重新发酵，可以在蚯蚓床的基料上先铺一层菜园土或山林土等腐殖质丰富的肥沃土壤，作为缓冲带。先将蚯蚓投放到缓冲带中，等蚯蚓能够适应后，且观察到大多数蚯蚓进入下层基料时，再将缓冲带撤去。

（2）饲料。在制作蚯蚓基料时，用到的植物茎叶、秸秆以及能直接饲喂蚯蚓的烂瓜果、洗鱼水、鱼内脏等甜、腥味的材料，猪粪、鸡粪、牛粪等各种畜禽粪便都是饲养蚯蚓的好饲料。在配制饲料时，需要注意饲料的蛋白质含量不宜过高，否则，饲料会因较多的蛋白质分解而产生恶臭气味，口感不好，影响蚯蚓采食，进而影响蚯蚓生长和繁殖。饲料的配置比例与基料相同：其中，畜禽粪便的种类可以是新鲜的猪粪、牛粪等各个种类，但是鸡粪、鸭粪、羊粪、兔粪等氮素饲料不宜单独使用，且以不超过粪便总量的 1/4 为宜。

第三节　畜禽养殖生物发酵床养殖技术

一、技术原理

发酵床养殖技术是综合利用微生物学、营养学、生态学、发酵工程学、热力学原理、以活性功能微生物作为物质能量“转换中枢”的一种生态环保养殖方式。其技术核心在于利用活性微生物复合菌群，长期、持续、稳定地将动物粪尿完全降解为优质有机肥和能量。实现养猪无排放、无污染、无臭气，彻底解决规模养猪场的环境污染问题的一种养殖方式。发酵床养猪技术是一种无污染、零排放的有机农业技术，是利用自然环境的生物资源，即采集本地土壤中的多种有益微生物，通过对这些微生物进行培养、扩繁，形成有相当活力的微生物菌种，再按一定比例将微生物菌种、锯木屑以及一定量的辅助材料和活性剂混合、发酵形成有机垫料。在经过特殊设计的猪舍里。填入上述有机垫料，再将仔猪放入猪舍。猪从小到大都生活在这种有机垫料上面，猪的排泄物被有机垫料里的微生物迅速降解、消化，不再需要对猪的排泄物进行人工清理，达到零排放，生产出有机猪肉，同时，达到减少对环境污染的目的。

发酵床养猪技术的原理是运用土壤里自然生长的、被称为土壤微生物，迅速降解、消化猪的排泄物。生产者能够很容易地采集到土壤微生物，并进行培养、繁殖和广泛运用。发酵床养猪技术可以很好地解决现代养猪遇到的难题，达到养猪无污染的目的。一是减轻对环境的污染。采用发酵床养猪技术后，由于有机垫料里含有相当活性的土壤微生物，能够迅速有效地降解、消化猪的排泄物，不再需要对猪粪尿采用清扫排放，也不会形成大量的冲圈污水，从而没有任何废弃物排出养猪场，真正达到养猪零排放的目的。猪舍里不会臭气冲天和苍蝇滋生。二是改善猪舍环境、提高猪肉品质。发酵床结合特殊猪舍，使猪舍通风透气、阳光普照、温湿度均适合于猪的生长，再加上运动量的增加，猪能够健康地生长发育，几乎没有猪病发生，也不再使用抗生素、抗菌性药物，提高了猪肉品质，生产出真正意义上的有机猪肉。三是变废为宝、提高饲料利用率。在发酵制作有机垫料时，需按一定比例将锯木屑等加入，通过土壤微生物的发酵，这些配料部分转化为猪的饲料。同时，由于猪健康地生长发育，饲料的转化率提高，一般可以节省饲料 20%~30%。四是节工省本、提高效益。由于发酵床养猪技术有不需要用水冲猪舍、不需要每天清除猪粪；生猪体内无寄生虫、无须治病；采用自动给食、自动饮水技术等众多优势，达到了省工节本的目的。一个人可饲养 500~1 000头壮猪，100~200 头母猪，可节水 90%，每头猪节省水费 6 元，节约用工 3 元，节约驱虫药费 1 元左右，在规模养猪场应用这项技术，经济效益十分明显。

二、发酵床猪舍的建造

（一）猪舍建设

新建猪场猪舍布局应根据地形确定，一般采用单排式或双排式。猪舍建设应坐北朝南，两栋猪舍的间距不小于 10 米，猪舍跨度一般为 6.5~12 米，檐高不小于 2.4 米，猪舍长度为 30~60 米；屋顶可设计成单坡式、双坡式等形式，屋顶应采用遮光、隔热、防水材料制作，并设置天窗或通气窗（孔）；南北墙设置窗户，或用保温隔热材料制作卷帘，北墙底部应设置通气孔。

猪栏一般采用单列式，过道位于北侧，宽约 1.2 米；靠走道的一侧设置不少于 0.2 平方米/头或不小于 1.2 米宽的水泥饲喂台（又称休息台，约占栏舍面积的 20%），食槽安装于水泥饲喂台上；发酵床上方应设置喷淋加湿装置；饮水器设在食槽对面南

侧，距床面 0.3～0.4 米，下设集水槽或地漏；水泥饲喂台旁侧建设发酵床，发酵床底一般用水泥硬化，发酵床深度为 0.5～0.8 米。地势高燥的地方采用地下式发酵床，地势平坦的地方采用地上式或半地上式发酵床。

双坡单列式发酵床猪舍剖面参见图 3-1，单坡单列式发酵床猪舍剖面参见图 3-2，双坡双列式发酵床猪舍剖面参见图 3-3。

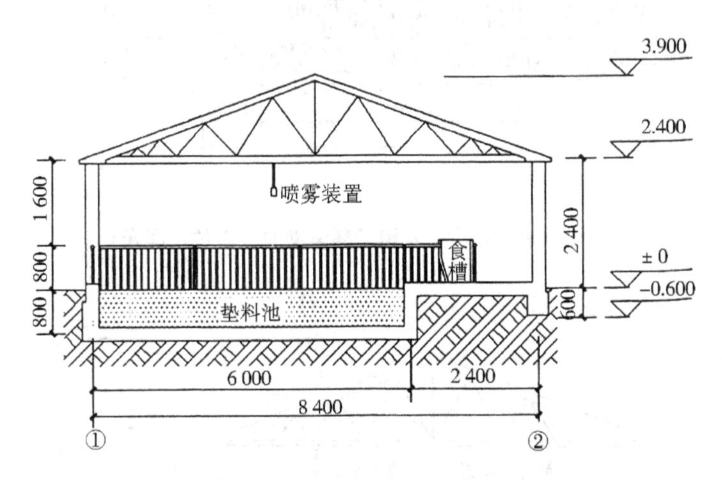

图 3-1　双坡单列式发酵床猪舍剖面（单位：厘米）

（二）发酵床种类

发酵床又称垫料池，一般在整栋猪舍中相互贯通，深度为 0.5～1.0 米，池壁四周使用砖墙，内部水泥粉面，池底一般应做硬化处理。

1. 按发酵床与地面相对高度不同分类

按发酵床与地面相对高度不同，发酵床分为地上式、地下坑式、半地上式。

（1）地上式。发酵床地面与猪舍地面同高，样式与传统猪栏舍接近，猪栏 3 面砌墙 1 面为采食台和走道，猪栏安装金属栏

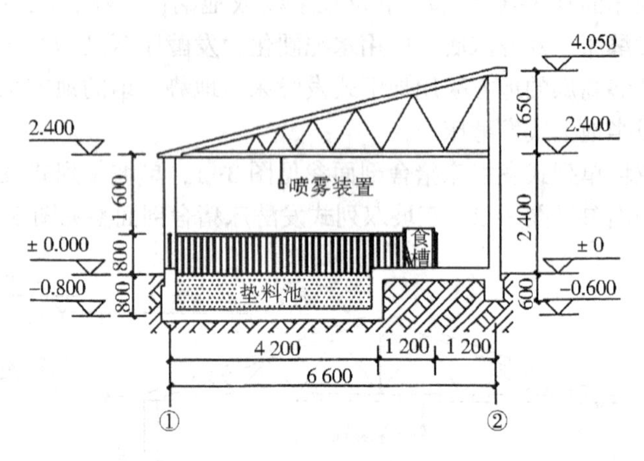

图 3–2　单坡单列式发酵床猪舍剖面（单位：厘米）

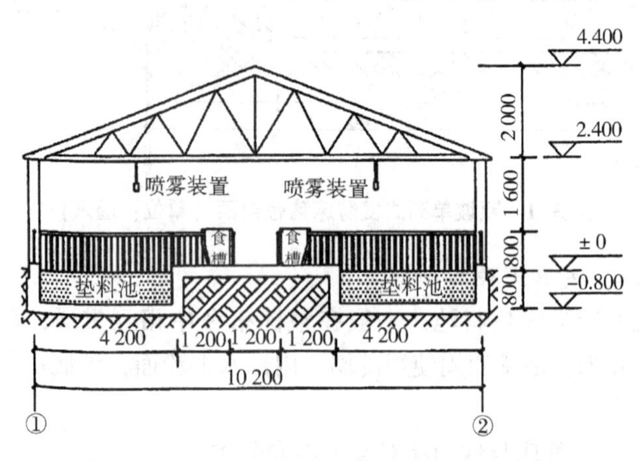

图 3–3　双坡双列式发酵床猪舍剖面（单位：厘米）

杆及栏门。地上式发酵床适合于地下水位高，雨水易渗透的地区，发酵床深度为0.6~0.8 米。金属栏高度：公猪栏为1.1~1.2 米，母猪栏为 1.0~1.1 米，保育猪为 0.6~0.65 米、中大猪为

0.90~1.0 米。

优点：猪栏高出地面，雨水不容易溅到垫料上：地面水不会流到垫料中，床底面不积水；猪栏通风效果好；垫料进出方便。

缺点：猪舍整体高度较高，造价相对高些，猪转群不便：由于饲喂料台高出地面，饲喂不便；发酵床四周的垫料发酵受环境影响较大。

（2）地下坑式。在猪舍地面向下挖一定的深度形成发酵床，即发酵床在地面以下，不同类型猪栏地面下挖深度不一样，发酵床深度为 0.6~0.8 米。地下坑式发酵床适合于地下水位低，雨水不易渗透的地区，有利保温，发酵效果好。猪栏安装金属栏杆及栏门，金属栏高度与地上式相同。

优点：猪舍整体高度较低，地上建筑成本低，造价相对低；床面与猪舍地面同高，猪转群、人员进出猪栏方便：采食台与地面平，投喂饲料方便。

缺点：雨水容易溅到垫料上；垫料进出不方便；整体通风比地面槽式差；地下水位高，床底面易积水。

（3）半地上式。发酵床部分在地面以上，部分在地面以下。发酵床向地面下挖 0.3~0.4 米深，即介于地上式与地下坑式之间，具有地上式和地下坑式两者之优点。

2. 按发酵床地面是否硬化分类

（1）硬化地面发酵床。发酵床地面硬化有多种类型，如水泥整体硬化、水泥块硬化、红砖硬化、三合土硬化等。该类型发酵床因地面硬化造价较高、经久耐用，地面易积水而影响微生物活性，因此，硬化地面发酵床要做好排水设计，或采取水泥块、红砖平铺不勾缝硬化。

（2）非硬化地面发酵床。发酵床地面不进行硬化，只将发酵床地面整平，用素土夯实地面。该类型发酵床造价较低，因水渗透到地下而床面不积水，但要求发酵床较深。

（三）旧猪舍改建发酵床

发酵床养猪可以在原建猪舍的基础上加以改造。一般要求原猪舍坐北朝南，采光充分、通风良好，南北可以敞开，通常每间猪栏面积改造成20~25平方米，可饲养大猪15~20头，猪舍檐高2.8米以上。

旧猪舍改造，一般采用半地上式和地上式发酵床。一是在原猪舍内下挖0.3~0.4米，往地下挖土要选择离墙体6~10厘米的地方开挖，坑壁挖成45。斜坡，以免影响墙体安全，再砌0.3~0.4米高采食台和猪栏隔墙形成半地上式发酵床。二是如果旧猪舍檐高在3.3米以上，原水泥地面结实，可改造成地上式发酵床。在猪舍北面预留1.2米宽走道后建采食平台并安装食槽，南侧安装自动饮水器并将饮水器洒落的水引流到发酵床外。

三、工艺流程

（一）菌种选择

1. 自制菌种

（1）土著微生物采集与原种制作。

其一，土著微生物的采集：在当地山上落叶聚集较多的山谷中采集。把做得稍微有一点硬的大米饭（1~1.5千克），装入用杉木板做的小箱（25厘米×20厘米×10厘米）约1/3处，上面盖上宣纸，用线绳系好口，将其埋在当地山上落叶聚集较多的山谷中。为防止野生动物糟蹋，木箱最好罩上铁丝网。夏季经4~5天，春秋季经6~7天，周边的土著微生物潜入到米饭中，形成白色菌落。把变成稀软状态的米饭取回后装入坛子里，然后掺入原材料量1/2左右的红糖，将其混合均匀（数量是坛子的1/3），盖上宣纸，用线绳系好口，放置在温度18℃左右的地方。放置7天左右，就会变成液体状态，饭粒多少会有些残留，但不碍事。这就是土著微生物原液。

水田土著微生物采集方法。秋天，在刚收割后的稻茬上有白色液体溢出。把装好米饭并盖宣纸的木箱倒扣在稻茬上，这样稻茬穿透宣纸接触米饭，很容易采集到稻草菌。约 7 天后，木箱的米饭变成粉红色稀泥状态，米饭与红糖以 2∶1 比例拌匀装坛子、盖宣纸、系绳。5~7 天后内容物变成原液。在稻茬上采取的土著微生物，对低温冷害有抵抗力，用于猪舍、鸡舍，效果很好。

其二，原种制作方法：把采集的土著微生物原液稀释 500 倍与麦麸或米糠混拌，再加入 500 倍的植物营养液、生鱼氨基酸、乳酸菌等，调整水分至 65%~70%。装在能通气的口袋或水果筐中或堆积在地面上，厚度为 30 厘米左右为宜，在室温 18℃时发酵 2~3天后，就可以看到米糠上形成的白色菌丝，此时堆积物内温度可达到 50℃左右，应每天翻 1~2 次，如此经过 5~7 天，形成疏松白色的土著微生物原种。

在柞树叶、松树叶丛中，采集白色菌落，直接制作原种，具体方法是：将采集来的富叶土菌丝 0.5 千克与米饭 1 千克拌匀，调整水分至 90%，放置 24 小时（温度 20℃），此时，富叶土菌丝扩散到米饭上，再将其与麦麸或米糠 30~50 千克拌匀（水分要求 65%~70%），为了提高原种质量，最好用通气的水果筐，这样不翻堆也可制作较好的原种。

其三，菌种的保存：制作好的菌种经过 7~8 天的培养后，即可装袋放在阴凉的房间里备用，一般要求 3~6 个月使用完，最好现配现用。

（2）自制培养微生物菌种的原种制作方法。以充分腐熟、聚集了土著微生物的畜禽粪便为原料，通过添加新鲜的碳源，如糖蜜、淀粉等，其他营养如酵母提取物、蛋白胨、植物提取物、奶粉等，按原料∶水为 1∶（10~15）的比例，在室温下（20~37℃）培养 3~10 天，进行扩繁制作原种，然后通过普通纱布过滤，将过滤液作为接种剂，接种量为 0.5~1.0 千克/平方米，用喷雾或泼洒的方式接种于发酵床的垫料上，并与表层（0~15 厘米）垫料充分混合，以达到促进粪便快速降解的目的。

其一，腐熟堆肥原料的采集：就近找一堆肥厂，或自己堆制，堆肥所用原料为畜禽粪便，经至少 7 天以上高温期，35 天以上腐熟期，将充分腐熟的堆肥晒干，敲碎，备用。

其二，微生物培养：将所采集的腐熟堆肥，放入塑料、木制或陶瓷等防漏的容器中，按原料的重量，加入新鲜碳源（15%）与其他营养物质（0.05%~1.0%），再加入 1∶10 的水分，搅拌混合，在室温下培养 5~10 天，培养过程中，每天用木棒搅拌 3 次以上，以补充氧，培养结束后，用干净的纱布进行过滤，过滤液作为接种剂。

其三，接种：用喷雾器或水壶将接种剂均匀地喷洒于发酵床的垫料表面，接种量为 0.5~1.0 千克/平方米，然后用铁耙或木耙将 0~15 厘米垫料的表层混匀，以后每间隔 20 天接种 1 次，如果发现猪舍中有异味或发现降解效果下降或在防疫用药后，均要增加接种次数与接种量。

2. 购买商品菌种

根据发酵床养猪技术的一般原理和土著微生物活性与地方区域相关的特点，对不适宜、不愿意自行采集制作土著微生物的养殖场户，应选择效果确实的正规单位生产的菌种。选购商品菌种时应注意以下几点。

（1）看菌种的使用效果。养殖户在选择商品菌种时，要多方了解，实地察看，选择在当地有试点、效果好、信誉好的单位提供的菌种。

（2）选择正规单位生产的菌种。应选择经过工商注册的正规单位生产的菌种。生产单位要有菌种生产许可证和产品批准文号及产品质量标准。一般正规单位提供的菌种，质量稳定，功能强、发酵速度快、性价比高。

(3) 发酵菌种色味应纯正。商品菌种是经过一定程度纯化处理的多种微生物的复合体，颜色应纯正，没有异味。

(4) 产品包装要规范。商品菌种应有使用说明书和相应的技术操作手册，包装规范，有单位名称、地址和联系电话。

(二) 垫料选择

垫料的功能：一是吸附生猪排泄的粪便和尿液。垫料是由木屑、稻壳、秸秆等组成的有机物料，有较大的表面积和孔隙度，具有很强的吸附能力；二是为粪便和尿液的生物分解转化提供介质与部分养分。垫料和生猪粪便中大量的土著微生物，在有氧条件下可以使粪便和尿液快速分解或转化，人工接种的有益微生物可以加速这一过程。

微生物生长繁殖受多种因素的影响，如碳氮比、pH 值、温度、湿度等。就猪粪尿而言，氮含量较高，碳氮比一般为（15~20）：1，而正常微生物生长最佳碳氮比为 30：1。发酵床的温度主要受发酵速度控制，而湿度除受排泄物本身含水率影响外，还要受到养殖过程的水供应及气候条件的影响。因此，微生物能否快速生长繁殖，取决于多种因素。

垫料的选择应该以垫料功能为指导，结合猪粪尿的养分特点，尽可能选择那些透气性好、吸附能力强、结构稳定，具有一定保水性和部分碳源供应的有机材料作为原料。如木屑、秸秆段(粉)、稻壳、花生壳和草炭等。为了确保粪尿能及时分解，常选择其他一些原料作为辅助原料。

1. 原料的基本类型

垫料原料按照不同分类方式，可以分成不同的类型。如按照使用量划分，可以划分为主料和辅料。

(1) 主料。这类原料通常占到物料比例的 80%以上，由一种或几种原料构成。常用的主料有木屑、稻壳、秸秆粉、蘑菇渣、花生壳等。

(2) 辅料。主要是用来调节物料水分、碳氮、碳/磷、pH值、通透性的一些原料。由一种或几种组成，通常不会超过总物料量的20%。常用的辅料有：腐熟猪粪、麦麸、米糠、饼粕、生石灰、过磷酸钙、磷矿粉、红糖或糖蜜等。

2. 原料选择的基本原则

垫料制作应该根据当地的资源状况来确定主料，然后根据主料的性质选取辅料。无论何种原料，其选用的原则如下。

(1) 原料来源广泛、供应稳定。

(2) 主料必须为高碳原料，且稳定，即不易被生物降解。

(3) 主料水分不宜过高、应便于贮存。

(4) 不得选用已经霉变的原料。

(5) 成本或价格低廉。

3. 垫料配比

实际生产中，最常用的垫料原料组合是“锯末+稻壳”“锯末+玉米秸秆”“锯末+花生壳”“锯末+麦秸”等，其中，垫料主原料主要包括碳氮比极高的木本植物碎片、木屑、锯末、树叶等，禾本科植物秸秆等。

(三) 垫料制作

垫料制作的主要步骤包括原料破碎或粉碎、原料配伍混合、调节水分、与物料混合、高温消毒与稳定化处理、晾晒风干、包装贮藏。

1. 原料破碎或粉碎

破碎可以粗一些，粒径控制在5~50毫米为宜。值得注意的是，对于树枝等木质性材料，除了破碎之外，应增加一道粉碎工序，以免粒径过粗对猪产生机械划伤。

2. 原料配伍混合

一般来说，发酵床垫料以采用多种材料的复合垫料为佳，因为复合垫料比单一的垫料具有更全面营养和更强的酸碱缓冲能

力。原料的复合配伍应充分考虑碳氮比率、碳/磷比率、pH 值及缓冲能力。复配后的混合物料的碳氮比率控制在（30~70）：1，碳/磷比率控制在（75~150）：1，pH 值应该在 5.5~9.0。破碎或粉碎的物料按照上述配制原则计算好各种物料的重量，按比例掺混在一起。

3. 调节水分与物料混合

按最终物料含水率 45%~55%的要求，在将掺混好的原料上喷洒水，水可以用洁净的天然水体如河道、水塘中的水，但应确定未遭病原菌或化工污染。边洒水边用人工或搅拌机搅拌均匀。

4. 高温消毒与稳定化处理

由于垫料来源广泛，物理性状差异性很大，不同垫料制作工艺也存在差异。主要有简单高温消毒法和堆积腐熟法两种。

（1）简单高温消毒法。对于一些易降解的成分较少，性质比较稳定的原料如木屑、稻壳、花生壳等，每吨物料添加尿素 12 千克、过磷酸钙 5~10 千克，调节水分至 40%~45%，进行堆制，利用堆制过程中自然产生的高温杀死病原微生物，一般 55℃高温维持 3~4 天即可，中途翻堆 1 次。消毒后的材料可以直接投入发酵槽中使用，也可以风干储存备用。此消毒法也可以在发酵床中完成，但必须在猪进栏前 10~15 天投料，以确保生猪入栏时物料温度已经下降，不会对猪的生长产生不利影响。

（2）堆积腐熟法。对于秸秆、蘑菇渣等易降解成分较高，稳定性较差的材料，则需要经过高温好氧堆积和二次堆积后熟处理，待物料性质基本稳定后，才能使用。第一次高温堆积 55℃需维持 3~4 天，堆积时间 7~10 天。二次堆积时间控制在 30 天左右，中途翻堆 1 次。

5. 晾晒风干

经过 10 天左右的高温堆制，物料性状得到初步稳定，病原菌和虫卵被灭活，可以拆堆晾晒风干。若直接填入发酵床，水分控制在35%~40%。若需贮藏，则应晾晒至水分20%以下。

6. 包装贮藏

为方便运输和使用，风干备用的物料最好用废旧的化纤袋进行包装贮存，不要选用潮湿肮脏有霉变的包装袋包装。在以后使用过程中，如发现霉变，则应废弃不用。同时，贮藏时间不宜超过3个月。

（四）垫料质量

通过高温堆制的垫料是否符合发酵床养殖的要求，通常可以通过以下定量和定性的标准来判断。

1. 定量标准

（1）碳氮比率40%~60%。

（2）粪大肠埃希菌数在100个/克以下。

（3）蛔虫卵死亡率在98%以上。

（4）pH值在7.5左右。

（5）物料粒径在5~50毫米。

2. 定性标准

（1）物料结构松散，手握物料松开后不粘手。

（2）垫料材料无恶臭或其他异味。

由于发酵床填入有大量经过发酵处理的有机垫料，有机垫料中本身含有大量的且生物活性较高的微生物，在发酵床养殖过程中，通常人为接种生物菌剂以增加对粪便和尿液转化能力的有益微生物数量。因此，猪排出的粪便和尿液中的有机成分，在发酵床中微生物作用下，可以很快分解成为水和二氧化碳等简单物质，具有恶臭的氨气、硫化氢等也转变成无臭的硝酸盐、硫酸盐等，达到了猪粪尿等排泄物在养殖圈舍内原位降解的目的，减少了养殖过程中动物排泄物向外排放，而动物在发酵床上的活动对这一过程起到了加速作用。

四、畜禽粪便能源化利用技术与农业循环模式

（一）畜禽粪便能源化概述

畜禽粪便转化成能源的途径主要有两条：一是直接燃烧，适于草原上的牛粪、马粪等；二是利用厌氧发酵为核心的沼气能源环保工程，适于现代规模化、集约化畜禽健康养殖中应用。

沼气法的原理是利用厌氧细菌的分解作用，将有机物（碳水化合物、蛋白质和脂肪）经过厌氧消化作用转化为沼气和二氧化碳。沼气法具有生物多功能性，既能够营造良好的生态环境，治理环境污染，又能够开发新能源，为农户提供优质无害的肥料，从而取得综合利用效益。沼气法在净化生态环境方面具有明显的优势：一是该技术将污水中的不溶有机物变为溶解性的有机物，实现了无害化生产，从而净化环境。二是利用该技术生产的沼气，能够实现多种用途应用。不仅可以用于燃烧产热，还可以用来发电，供居民日常生活。沼气还可以用于生产，如作为以汽油机或柴油机改装而成的沼气机的燃料，搞发电或农副产品加工；用于沼气制造厌氧环境，储粮灭虫、保鲜果蔬；用沼气升温育苗、孵化、烘干农副产品等。沼液、沼渣可以直接排入农田或者加工成液体、固体有机肥等，施于农田、果园、林地等用来改善土壤结构，增加土壤有机质，促进作物、果、蔬、林的增产增收；也可经过加工用作饲料等。

随着在建的和已建成的大中型沼气工程数量不断上升，许多问题逐渐暴露出来：例如，修建大型沼气池及其配套设备一次性投资巨大；产气稳定性受气候、季节的影响较大；工程运行时间长，耗水多，残留大量沼液，其中，有机污染物、氨氮等浓度高，很难达标排放，造成二次污染。大中型沼气工程的运营管理出现新的问题，例如，管理制度不完善、工作人员积极性不高、技术工艺出现各种损坏、导致产气不足；管理模式不合理、经济效益降低等问题，最终导致部分沼气工程的综合运行效率不高。

（二）畜禽粪便沼气化原理

沼气发酵的过程，实质上是畜禽粪便的各种有机物质不断被微生物分解代谢，微生物从中获取能量和物质，以满足自身生长繁殖，同时，大部分物质转化为甲烷和二氧化碳。沼气发酵过程通常分为水解发酵阶段、产酸阶段和产甲烷阶段 3 个阶段。一般参与沼气发酵的微生物分为发酵水解性细菌、产氢产乙酸菌和甲烷菌 3 类。经过一系列复杂的生物化学反应，物料中约 90%的有机物被转化为沼气，10%被沼气微生物用于自身消耗。

1. 畜禽粪便产沼过程

（1）水解发酵阶段。各种固体有机物通常不能直接进入微生物体内被微生物利用，必须在好氧和厌氧微生物分泌的胞外酶、表面酶（纤维素酶、蛋白酶、脂肪酶）作用下，将固体有机质水解成分子量较小的可溶性单糖、氨基酸、甘油、脂肪酸等，这些分子量较小的可溶性物质进入微生物细胞之内被进一步分解利用。

（2）产酸阶段。单糖、氨基酸、脂肪酸等各种可溶性物质在纤维素细菌、蛋白质细菌、脂肪细菌、果胶细菌胞内酶的作用下继续分解转化成低分子物质，诸如丁酸、丙酸、乙酸及醇、酮、醛等简单有机物质；同时，也有部分氢、二氧化碳和氨等无机物释放出来。由于该阶段主要的产物是乙酸，大约占到 70%以上，因此，称为产酸阶段。参加这一阶段的细菌称为产酸菌。

（3）产甲烷阶段。产甲烷菌将上一阶段分解出来的乙酸等简单有机物分解成甲烷和二氧化碳，其中，二氧化碳在氢气的作用下还原成甲烷。该阶段称为产气阶段或者产甲烷阶段。

上述 3 个阶段是相互依赖、相互制约的关系，三者之间保持动态平衡，才能维持发酵持续进行，沼气产量稳定。水解阶段和产酸阶段的速度过慢或者过快，都将影响产气阶段的正常进行。

如果水解阶段和产酸阶段的速度过慢，则原料分解速度低，发酵周期延长，产气速率下降；如果水解阶段和产酸阶段速度太快，超过了产气阶段所需要的速度，就会导致大量酸积累，引起物料的 pH 值下降，出现酸化的现象，从而进一步抑制甲烷的产生。

2. 畜禽粪便产沼工艺

沼气发酵过程由多种细菌群共同参与完成，这些细菌在沼气池中进行新陈代谢和生长繁殖过程中，需要一定的生活条件。只有为这些微生物创造适宜的生活条件，才能促使大量的微生物迅速繁殖，才能加快沼气池内有机物质的分解。此外，控制沼气池内发酵过程的正常运行也需要一定的条件。人工制取沼气必须具有发酵原料（有机物质）、沼气菌种、发酵浓度、酸碱度、严格的厌氧环境和适宜的温度。

(1) 发酵原料。沼气发酵原料是产生沼气的物质基础，也是沼气发酵细菌赖以生存的养分来源。沼气发酵通常根据发酵原料干物质浓度不同，将厌氧发酵分为湿法厌氧发酵和干法厌氧发酵。湿法厌氧发酵的原料浓度一般在 10%以下，原料呈液态。而干法厌氧发酵的原料浓度一般在 17%以上，培养基呈固态。虽然含水丰富，但没有或有少量自由流动水。

目前国内普遍采用的畜禽粪便湿法厌氧发酵技术，在处理采用干清粪的牛场或鸡场粪便时，需要将畜禽粪便稀释到 8%左右的浓度，消耗了大量的清洁水，发酵后的产物浓度低，脱水处理相当困难，以至发酵产物难以有效利用。

干法厌氧发酵能够在于物质浓度较高的情况下发酵产生沼气，节约了大量的水资源，处理后无沼液，沼渣可制成有机肥，基本上达到了零污染排放。该方法在德国、荷兰等国家和地区的运用已经取得成功。干法厌氧发酵是“气肥联产”生产模式，其特点是干（法）、大（批量）、连（续化生产）3 个字。“干”（法）是相对于目前沼气的“湿法”发酵工艺而提出的，基本原理就是畜禽粪便在发酵前不用添加大量的水，而是在固态状态下装入密闭的容器中进行厌氧发酵。发酵过程不断产生的沼气被收集并储存在储气罐里，生产过程没有沼液产生，最后得到的沼渣便是固态的有机肥，可对其进一步加工形成优质有机肥。沼气和有机肥生产合成在一个流程里“一气呵成”，具有水资源消耗少、资源化利用程度高、基本做到零排放、有机肥熟化程度好等优点。“大”（批量）和“连”（续化生产）是干法气肥联产生产线的又一显著的特点，非常适合与大、中型养殖规模的养殖场配套建设，形成养殖—“三化”处理—种植—养殖良性循环的产业链。

（2）发酵原料的碳氮比（C/N）。畜禽粪便中富含氮元素，这类原料经过动物肠胃系统的充分消化，一般颗粒细小、粪质细腻，其中含有大量未经消化的中间产物，含水量较高。因此，在进行沼气发酵时可以直接利用，很容易分解产气，发酵时间短。

氮素是构成微生物躯体细胞质的重要原料，碳素不仅构成微生物细胞质，还负责为微生物提供生命活动的能量。发酵原料的碳氮比不同，沼气产生的质和量差异也比较大。从营养学和代谢作用的角度来看，沼气发酵细菌消耗碳的速度比消耗氮的速度要快25~30倍。因此，在其他条件都具备的情况下，碳氮比例为（25~30）：1时可以满足微生物对氮素和碳素的消耗需求，因此，原料的碳氮比值在该范围内可以保证顺利产气。人工制沼过程中需要对投入沼气池的各种发酵原料进行配比，以达到合适的碳氮比来保证产气稳定且持久。

（3）沼气菌种。通常参与沼气发酵的微生物分为发酵水解性细菌、产氢产乙酸菌和产甲烷菌3类，其中，产甲烷菌是沼气发酵的核心菌群。此类细菌广泛存在于厌氧条件中富含有机物的地方，例如，湖泊、沼泽、池塘底部、臭水沟污泥、积水粪坑、动物粪便及肠道、屠宰场、酿造厂、豆制品厂、副食品加工厂等

阴沟中以及人工厌氧消化装置、沼气池等。

沼气发酵人工接种的目的在于：一方面可以加速启动厌氧发酵的过程，而后接入的微生物在新的条件下繁殖增生，不断富集，以保证大量产气。农村沼气池中一般加入接种物的量为投入物料量的10%~30%。另一方面加入适量的菌种可以避免沼气池发酵初期产酸过多而抑制沼气产出。通常接种量大，沼气发生量大，沼气的质量也好；如果接种量不够，常常难以产气或者产气率较低，导致工程失败。

（4）严格的厌氧环境。沼气发酵需要一个严格的厌氧环境，厌氧分解菌和产甲烷菌的生长、发育、繁殖、代谢等生命活动都不需要氧气。环境存在少量的氧气就会抑制这些微生物的生命活动，甚至死亡。因此，在修建沼气池时要确保严格密闭，这不仅是收集沼气、贮存沼气发酵原料的需要，也是保证沼气微生物正常生命活动、工程正常产气的需要。

（5）适宜的发酵温度。发酵物料合适的温度能够保证沼气微生物快速生长繁殖，沼气产量足够多；而温度不适合，沼气菌生长繁殖慢，沼气产量少甚至不产气。研究表明，温度在10~70℃，均能完成产沼过程。在此温度范围内，温度越高，越有利于微生物生长代谢，有机物的降解速率较快，产气量高；低于10℃或高于70℃时，微生物的活性均会受到严重抑制，产气很少，甚至不产气。在产沼过程中，需要保持发酵料温度的相对稳定，温度突然变化超过5℃以上，产气会立刻受到影响。通常在不同温度范围内有不同的沼气微生物发挥作用：在52~60℃范围发挥主要作用的是高温微生物，此范围属于高温发酵；在32~38℃发挥主要作用的是中温微生物，此为中温发酵：在12~30℃发挥主要作用的是常温微生物，此为常温发酵。大量工程实践证明，农户用沼气池采用15~25℃的常温发酵是最经济适用的。然而也恰恰是由于这个原因，导致沼气池在一年之中产气量不均匀：夏季产气量大，冬季产气量小、甚至不产气，而农户对沼气的需求却冬季相对较大，这样就出现产气量与需求量之间的不平衡，需要加强冬季管理。增强保温，以保证冬季沼气的正常供应。

（6）适宜的 pH 值。产沼气微生物的生长、繁殖都要求发酵原料保持中性或微碱性。发酵原料过酸、过碱都会影响产气。正常产气要求发酵原料的 pH 值介于 6~8 即可。发酵原料在产沼气的过程中，其 pH 值会先由高降低，再升高，最后达到恒定。这是因为在发酵初期由于产酸菌的活动，池内产生大量的有机酸，会导致发酵环境呈现酸性；发酵持续进行过程中，氨化作用产生的氨会中和一部分有机酸，再加上甲烷菌的活动，使大量的挥发性酸转化为甲烷和二氧化碳，pH 值逐渐回升到正常值。通常 pH 值的变化是发酵原料自行调节的过程，无须人为干预。但是当物料配比失当、管理不善、发酵过程受到破坏的情况下，就有可能出现偏酸或者偏碱的发生，这时就需要人为加以调节。在实际案例中，由于加料过多造成的“酸化”现象时有发生：当沼气燃烧的火苗呈现黄色，说明沼气中的二氧化碳含量较高，沼液 pH 值下降。一旦酸化现象总物料的 pH 值达到 6.5 以下，应立即停止进料和适量的回流搅拌，待 pH 值逐渐上升再恢复正常。如果 pH 值达到 8.0 以上，应该投入接种污泥和堆沤过的秸草，使 pH 值逐渐下降恢复正常值。

（7）适当搅拌。实践证明，适当的搅拌方法和强度，可以使发酵原料分布均匀，增强微生物与原料的接触，使之获取营养物质的机会增加，活性增强，生长繁殖旺盛，从而提高产气量。搅拌又可以打碎秸壳，提高原料的利用率及能量转换效率，并有利于气体的释放。采用搅拌后，平均产气量可以提高 30%以上。

沼气发酵体系是一个复杂的生态系统，微生物多样性结构决

定了其发挥的功能。工程和工艺改进的最终目标都是提供给微生物适宜生长的发酵条件，使其充分发挥生态功能，从而能够高效降解和转化大分子有机物。因此，应用新的技术方法准确地把握沼气发酵体系中微生物群落结构与功能，创造适宜的微生物发酵条件是实现沼气发酵高效运行的关键。

第四章　农作物秸秆的资源化利用

第一节　农作物秸秆资源化利用现状

农作物通常是指林木以外的人工栽培植物，一般可分为大田作物和果蔬园艺作物，大田作物包括粮食、经济、绿肥与饲料三大类。其中，粮食作物大类可细分为禾谷类（水稻、小麦、玉米等）、豆类（大豆、绿豆等）、薯芋类（马铃薯、甘薯等）3类；经济作物大类可细分为纤维作物（棉花、黄麻、红麻、苎麻、亚麻、剑麻等）、油料作物（油菜、芝麻、花生、向日葵等）、糖料作物（甘蔗、甜菜等）、其他作物（烟草、茶叶、薄荷、咖啡、啤酒花等）等四类；绿肥与饲料大类包括苕子、苜蓿、紫云英、田菁等。

农作物秸秆是指水稻、小麦、玉米等禾本科作物成熟脱粒后剩余的茎叶部分以及果蔬园艺类的茎秆、薯芋类藤蔓等，其中，水稻的秸秆常被称为稻草，小麦的秸秆则被称为麦秆。经济作物、绿肥与饲料茎蔓也属农作物秸秆。

一、农作物秸秆资源分布

农作物秸秆是农作物生产系统中植物纤维性废弃物之一，是一项重要的生物资源。农作物秸秆资源分布具有3个特点：品种多、数量大、遍布广。据联合国环境规划署（UNEP）报道，世界上种植的各种谷物每年可提供秸秆数量近20亿吨，其中，大

部分未加工利用。中国是农业大国，也是农作物秸秆资源最为丰富的国家之一。主要农作物秸秆数量近 8 亿吨（2010 年我国的秸秆总量为 1.26 亿吨），其中，稻草 2.3 亿吨，玉米秆 2.2 亿吨，豆类和秋杂粮作物秸秆 1.0 亿吨，花生和薯类藤蔓、甜菜叶等 1.0 亿吨。随着农作物单产的提高，秸秆产量也将随之增加。

秸秆产量最大的是稻草，约占总秸秆产量的 29.93%，主要分布于中南（湖南省、湖北省、广东省、广西壮族自治区）、华东地区（江苏、江西、浙江和安徽等省）和西南的部分省份（如四川省）；其次是玉米秆，约占总产量的 27.39%，主要分布于东北和华北（河北省、内蒙古自治区等）地区的各省份及华东（如山东省）和中南（如河南省）的部分省份；小麦秆产量占农作物总秸秆产量的第三位，约占 18.31%，主要分布于华东（山东、江苏、安徽等省）、中南（如河南省）和华北（如河北省）等地区；豆类秸秆产量约占 5.06%；薯藤产量约占 3.47%；油料作物秸秆约占 7.99%。随着农业产业结构调整，经济作物秸秆数量占总秸秆的数量比例会有所增加。

二、农作物秸秆利用现状

农作物秸秆利用，在我国有着优良的历史传统，如利用秸秆建房，以蔽日遮雨；利用秸秆编织坐垫、床垫、扫帚等家用品；利用秸秆烧火做饭取暖；利用秸秆铺垫牲圈、喂养牲畜，堆沤积肥还田等。在传统农业时期，秸秆资源主要是不经任何处理直接用于肥料、燃料和饲料。随着经济社会的发展，传统农业向现代农业的转变以及农村能源、饲料结构等发生的变化，传统的秸秆利用途径也随之发生历史性的转变。科技进步为秸秆利用开辟了新途径和新方法。秸秆收集、运输的方便化有利于转化与利用。

根据典型调查，目前我国农作物秸秆利用的 5 种方式大体分配是：肥料化利用占 20%~25%，能源化占 35%~40%，饲料化利用占25%~35%，原料化利用占1%~5%，基料化利用占1%~5%。合计每年有90%以上的作物秸秆资源通过不同利用途径而分解转化，但每年还有不到10%的作物秸秆过剩。滞留于环境之中，特别是在农业主产区，秸秆资源大量过剩的问题仍十分突出，每到夏秋收获之际，秸秆焚烧浓烟滚滚，这种处理方式不仅浪费了宝贵的自然资源，造成了环境污染，也造成了事故多发，对高速公路、铁路的交通安全及民航航班的起降安全等构成了极大威胁，并对人类健康和安全造成严重危害，已成为一大社会问题。

三、农作物秸秆成分与热值

（一）秸秆成分

据测定，农作物秸秆成分是由大量的有机物和少量的无机物及水所组成。

1. 有机物

农作物秸秆主要成分是纤维素、半纤维素和木质素，其中，木质素将纤维素和半纤维素层层包裹，纤维素、半纤维素和木质素统称为粗纤维，粗纤维是组成农作物茎秆细胞壁的主要成分。此外，还有少量的粗蛋白、粗脂肪和可溶性糖类，可溶性糖类用无氮浸出物表示。

无氮浸出物是一组非常复杂的物质，它包括淀粉、可溶性单糖、可溶性双糖及部分果胶、有机酸、木质素、不含糖的配糖物、苦涩物质、鞣质（单宁）和色素等。一般情况下，无氮浸出物含量不进行化学分析测定，而是根据秸秆中其他养分的含量通过计算得出。计算公式为：

无氮浸出物含量=100%-（水%+粗蛋白%+粗脂肪%+粗纤维%+粗灰分%）

（1）纤维素。纤维素是天然高分子化合物，其化学结构是

由很多 D-葡萄糖，彼此以 β-1,4 糖苷键连接而成，几千个葡萄糖分子以这种方式构成纤维素大分子，不同的纤维素分子又通过氢键形成大的聚集体。纤维素溶于浓酸而不溶于水、乙醚、稀酸和稀碱等有机溶剂，纤维素是农作物茎秆细胞壁的主要组成成分。

纤维素是世界上最丰富的天然有机物，它占植物界碳含量的50%以上。不同作物茎秆纤维素含量不同。棉花秸秆的纤维素含量占 44.1%；水稻秸秆粗纤维占 32.6%；玉米秸秆粗纤维占 29.3%；小麦秸秆粗纤维占 37%。纤维素是重要的造纸原料。此外，纤维素还应用于塑料、炸药及科研器材等方面。食物中的纤维素（即膳食纤维）对人体健康有重要作用。纤维素用作食料，哺乳动物不能吸收利用，但能被食草动物所利用。因为哺乳动物不能分解纤维素，而食草动物瘤胃中能产生一种分解菌，将纤维素及半纤维素酵解成挥发性脂肪酸——乙酸、丙酸、丁酸，而被吸收利用。

（2）半纤维素。半纤维素是植物纤维原料中的另一个主要组成，是植物中除纤维素以外的碳水化合物（淀粉与果胶质等除外），主要由木糖、甘露糖、葡萄糖等构成，是一类多糖化合物。半纤维素不溶于水而溶于稀酸。它结合在纤维素微纤维的表面，并且相互连接，它和纤维素是构成细胞壁的主要成分。半纤维素和纤维素一样，也可被食草动物吸收利用。

（3）木质素。木质素是植物界仅次于纤维素的最丰富、最重要的有机高聚物之一，其在木材中含量为 20%~40%，禾本类植物中含量为 15%~25%。木质素是一类由苯丙烷单元通过醚键和碳—碳键连接的复杂无定形高聚物，和半纤维素一起。除作为细胞间质填充在细胞壁的微细纤维之间、加固木化组织的细胞壁外，当木质素存在于细胞间层时，把相邻的细胞粘接在一起，发挥木质化的作用。构成木质素的单体，从化学结构上看，既具有酚的特征又有糖的特征，因而反应类型十分丰富，形成的聚合物结构也非常复杂。木质素用作食料时，哺乳动物和食草动物都不能吸收利用，而且它还会抑制微生物的酵解活动，降低饲料中其他养分的消化效率。

（4）其他有机物。其他有机物还有粗蛋白、粗脂肪、无氮浸出物等。各种农作物秸秆营养成分，见表4-1。

表4-1　各种农作物秸秆营养成分　（单位：%）

秸秆名称	水分	粗蛋白	粗脂肪	粗纤维	无氮浸出物	粗灰分
稻草	6.00	3.80	0.80	32.57	41.80	14.70
小麦秆	13.5	2.70	1.10	37.00	35.90	9.80
玉米秆	5.50	5.70	1.60	29.30	51.30	6.60
大麦秆	12.90	6.40	1.60	33.40	37.65	7.00
大豆秆	5.80	8.90	1.60	38.88	34.70	8.20
蚕豆秆	17.00	14.60	3.20	25.50	30.80	8.90
花生藤	7.10	13.20	2.40	21.80	16.60	6.00
甘薯藤	10.40	8.10	2.70	28.52	39.00	9.70

2. 无机盐

农作物秸秆中除含有约40%的碳元素外，还含有氮、磷、钾、钙、镁、硅等矿质元素和少量微量元素，其总含量约为6%。但稻草中硅酸盐含量较高，可达到12%以上。

秸秆中维生素在农作物成熟以后，基本上被破坏，因此，含量很少。

（二）秸秆热值

据韩鲁佳等取样测定，农作物秸秆热值大约相当于标准煤的1/2，约为15 000千焦/千克，各种秸秆的热值，见表4-2。

表 4-2　不同类别作物秸秆的热值

（单位：千焦/千克）

秸秆种类	麦类	水稻	玉米	大豆	薯类	杂粮类	油料	棉花
热值	14 650	12 560	15 490	15 900	14 230	14 230	15 490	15 900

第二节　农作物秸秆肥料化利用

一、秸秆还田

（一）秸秆还田的作用

秸秆还田是我国秸秆资源化利用中最原始最古老的技术，秸秆还田是秸秆直接利用的一种方式，占我国秸秆利用总数的 45% 左右，与秸秆焚烧相比是一大进步。

秸秆田间焚烧最直接的危害是产生烟雾，它影响人们的健康与正常生活，妨碍飞机起降与交通安全。而秸秆还田却是利大弊少，增产效果明显。据中国农业科学院等试验，在统计了全国 60 多份材料的基础上，证明秸秆还田平均增产幅度可达到 15.7%。坚持常年秸秆还田，不但在培肥阶段有明显的增产作用，而且后效明显，有持续的增产作用。其增产机理主要表现如下。

1. 提高土壤养分含量

秸秆还田能明显提高土壤中氮、磷、钾、硅的含量及利用率。据测定，秸秆的秆、叶、根中含有大量的有机质、氮、磷、钾和微量元素，分析得出，每 100 千克鲜秸秆中含氮 0.48 千克、磷 0.38 千克、钾 1.67 千克，相当于 2.82 千克碳酸氢铵、2.71 千克过磷酸钙、3.34 千克硫酸钾。秸秆还田后土壤中氮、磷、钾养分含量都有所增加，尤其以钾元素增加最为明显。同时，由于秸秆中含硅量很高，特别是水稻秸秆含硅量高达 8%～12%，因此，秸秆还田还有利于增加土壤中有效硅的含量和水稻植株对硅的吸收能力。每亩土地中基肥施 250 千克秸秆，其氮、磷、钾含量相当于 7.06 千克碳酸氢铵、6.78 千克过磷酸钙和 8.35 千克的硫酸钾，但其综合肥效远大于此。

2. 有利于改良土壤

（1）秸秆还田能增加土壤活性有机质——腐殖质。如每亩施入 200 千克稻草，可提供的腐殖质量为 25.3 千克。新鲜腐殖质的加入能吸持大量水分，提高土壤保水能力、改善土壤渗透性，减少水分蒸发，对改善土壤结构、增加土壤有机质含量、降低土壤容重、增加土壤孔隙度、缓冲土壤酸碱变化都有很大作用，能使土壤疏松，易于耕作。

（2）秸秆还田有利于土壤微团聚体的形成。土壤微团聚体能够明显改善黏质土壤的通气性、渗水性、黏结性、黏着性和胀缩性。土壤微团聚体增多对土壤物理性质和植物生长具有良好的作用。

（3）秸秆还田能对土壤有机质平衡起重要作用。如每亩还田 500 千克玉米秸秆，或配合施用化肥，土壤有机质有盈余，不进行秸秆还田，则 0～20 厘米耕层土壤有机质要亏损 12.45～17.6 千克，占原有机质的 0.98%～1.39%。

（4）秸秆还田为土壤微生物提供充足碳源。能促进微生物的生长、繁殖，提高土壤的生物活性。

3. 有利于优化生态环境

（1）有利保墒和调控田间温湿度。秸秆如采用覆盖还田，干旱期能减少土壤水的地面蒸发量，保持耕层蓄水量；雨季则缓冲大雨对土壤的侵蚀，减少地面径流，增加耕层蓄水量。覆盖秸秆还能隔离阳光对土壤的直射，对土体与地表温热的交换起了调剂作用。

（2）有利于抑制杂草生长。试验证明，秸秆覆盖与除草剂配合，能明显提高除草剂的抑草效果。

但是，秸秆还田也存有一定弊端。秸秆还田量并不是越多越好，大量或过量还田会造成土壤与作物的边际效益逐步减少，机械作业难度与成本加大，而且还会因 CO_2 与 CH_4 的散逸，使水田中还原物质都将呈指数上升。一般而言，免耕稻草量以占本田稻草量的 1/3~1/2 为宜，160~240 千克；碎稻草翻埋还田每亩约 200 千克。小麦秆的适宜还田量（风干重）以 200~300 千克/亩为宜，玉米秆在 300~400 千克/为宜。只有在适量还田情况下，才能稳定地促进土壤有机质平衡，因此。秸秆还田的数量必须因地制宜。一年一作的旱地和肥力高的地块还田量可适当高些，在水田和肥力低的地块还田量可以低些。

（二）秸秆还田的模式

秸秆还田模式有直接还田、过腹还田、过圈还田、秸秆集中堆沤还田和高温造肥及厌氧消化后高效清洁的现代还田等多种模式。直接还田技术因其易被掌握，目前仍被大量应用。间接还田技术中的沤制还田、过腹还田、过圈还田在农村也普遍使用，而高温造肥及厌氧消化后高效清洁的现代还田技术还不够成熟，还有许多因素制约它的发展。

1. 秸秆直接还田

传统的秸秆直接还田，是在收获后将秸秆切成小段，人工抛撒于田间，然后翻埋还田。

（1）应用特点。一是施用量大，大多数作物的大部分秸秆都可直接还田；二是省工省本，不需花费多少劳力成本：三是方便灵活，不受时间、天气、田块、种类等因素影响，效果良好。

（2）存在问题。一是不同作物秸秆数量不一，施用数量偏多时不利于农事操作，影响耕种质量，还田数量过大或不均匀，不能及时腐烂，容易造成大量秸秆残留耕层影响下茬作物播种，或容易发生土壤微生物与作物幼苗争夺养分的矛盾，甚至出现黄苗、死苗、减产等现象；二是冬季腐烂较慢，影响作物生长。

在我国已基本实现耕作与收获机械化的今天，农作物秸秆还田主要通过农业机械来实现。机械作业还田需要配备一些专门的农业机械，一是收获机械，用于收获稻、麦、玉米等作物并留茬。二是反旋灭茬机，主要用于稻秆的还田作业，具有耕层较深、埋草效果好的特点，但消耗动力较大，一般与55千瓦以上的拖拉机相配套。三是水旱两用埋茬耕整机。配套功率为36.8~73.5千瓦的拖拉机。其在水田耕整地中应用较多，兼用于旱地秸秆粉碎还田作业。该机械可一次完成4项作业，包括埋茬、旋翻、起浆、平整等，作业效率高。

秸秆还田按留茬高度有两种不同还田模式。

一是高留茬还田。所谓高留茬，是指稻、麦、玉米等农作物收获后的留茬田，留茬高度占秸秆整秆长度的1/3以上（一般为25~50厘米）。稻、麦高留茬地所用的收获机械主要是全喂入联合收割机。对高留茬地，可在配施适量氮肥（一般亩施碳酸氢铵10~15千克）后，使用大马力拖拉机直接机械旋耕粉碎还田。

二是低留茬全量还田。所谓低留茬，一般是指用带有秸秆切碎装置的半喂入联合收割机收割后的留茬田，留茬高度一般为10~20厘米。随着收割、粉碎的同步进行，将碎秸秆均匀铺撒于田中，然后进行耕整还田。

目前，高留茬秸秆粉碎还田在秸秆还田中所占比率最大，占秸秆直接还田总面积的60%左右。

机械化秸秆还田因作物对象与要求不同而不同，技术路线大体如下：一是秸秆还田数量要适中，一般以每亩200千克左右鲜秸秆为宜；二是不同作物、不同季节要有选择性地进行，硬秆作物宜少，软秆作物宜多，冬季作物宜少，夏季作物宜多；三是应用时段要注意，施后立即播种作物的宜少，腐烂后再种作物的可

多施，农户要灵活掌握。

其一，小麦秸秆还田：小麦秆还田因有两种收获机具，故有两种技术路线。一是全喂入联合收割机收获，其技术路线：收获→秸秆切碎→抛撒→施肥→反转灭茬旋耕机耕作埋压还田。此技术路线要求联合收割机收割留巷≤15 厘米，秸秆切碎≤10 厘米，均匀抛撒于田里，秸秆还田机作业深度≥15 厘米。二是用带秸秆切碎装置的联合收割机收获，其技术路线：收获→施肥→反转灭茬旋耕机耕作埋压还田。实行此技术路线，要求联合收割机收割留茬≤15 厘米，秸秆切碎≤10 厘米，并均匀抛撒于田间，秸秆还田机作业深度≥15 厘米。

其二，水稻秸秆还田：稻草还田也有 2 种收获机械，因此，也有 2 条技术路线。一是水稻用带秸秆切碎装置的半喂入联合收割机收获，其技术路线是：收获→施肥→反转灭茬旋耕机耕作埋压还田。二是用全喂入联合收割机高留茬割稻、秸秆切碎均匀抛撒→基肥、除草剂撒施→反旋灭茬机耕作还田。

其三，油菜秸秆还田：用油菜收割机收获，其还田的技术路线为收获→秸秆切碎、抛撒→施肥→驱动圆盘犁耕翻埋压或反转灭茬旋耕机耕作埋压。

其四，玉米秸秆还田：用玉米收获机收获，其还田技术路线为：收获→秸秆切碎（用中型拖拉机牵引秸秆粉碎机将玉米秸秆粉碎 2 遍，成 5~10 厘米小段）、撒抛→按秸秆干重的 1%喷施氮肥或粪水使玉米秸秆淋湿→用大中型拖拉机翻耕或旋耕，将秸秆翻入耕层。如遇到酸性土壤，还应适当施撒石灰以中和有机酸并促进分解。

其五，马铃薯茎叶还田：马铃薯茎叶（秸秆）还田要采用马铃薯杀秧机在收获马铃薯块茎前先进行预处理，再用马铃薯收获机收获马铃薯块茎后。具体可参照油菜秸秆还田的技术路线进行反转灭茬旋耕机耕作埋压。

2. 小麦、油菜田覆盖稻草还田

秸秆覆盖还田，是指农作物生长至一定时期（如小麦起身拔节、夏玉米拔节前、夏大豆分枝始花期等）时，于作物行间铺施秸秆或秸秆的粉碎物（如糠渣），做到草不成堆、地不露土等。

经过作物的大部分生长期后，草变酥发脆，用手轻轻一拧即可使其散碎。小麦、油菜收后翻耕入土，不仅可以起到养地增肥，而且在干旱地区还能起到防止水土流失和抗旱保墒作用。秸秆覆盖还田的数量因作物而异，晚稻草还田（冬作田）、麦田免耕盖草一般为 150～300 千克/亩，冬绿肥田盖草 100～200 千克/亩。

秸秆覆盖现已成为干旱、半干旱地区农业增产增收的重要技术措施。

3. 墒沟埋草还田

秸秆埋沟是指将小麦、水稻等农作物秸秆埋入农田墒沟，通过调节碳氮比、接种微生物（菌剂）、水沤及农艺活动，加快秸秆腐解，产出优质有机肥，并就地利用的技术方法。实施这一技术时要注意以下几点要求。

（1）适宜的还田量和周期。秸秆还田量既要能够维持和逐步提高土壤有机质含量，又要适可而止，以本田秸秆还田为宜。为避免田块在同一点面上秸秆重复还田，要每隔一年，将埋草的墒沟顺次移动 20～25 厘米，保证 4～5 年完成一个稻秆还田周期。

（2）适宜的填草和覆土时间。墒沟埋草还田要尽量做到边收割边耕埋。刚刚收获的秸秆含水较多，及时耕埋有利于腐解。墒沟填放秸秆后，要及时镇压覆土，以消除秸秆造成的土壤架空。

（3）埋草深度和旋耕深度。麦秆填埋深度 20 厘米左右为宜。实行机械作业时，要掌握开沟机开沟深度 20～25 厘米，旋耕机耕深 7～10 厘米，以满足小麦秸秆沟埋的需要。

（4）合理施用氮肥。微生物在分解作物秸秆时，自身需要吸收一定量的氮素，因此，机械墒沟埋草还田时一定要补充氮肥。一般每100千克秸秆以掺入1千克左右的纯氮为宜。

（5）调控土壤水分。为避免秸秆腐烂过程中产生过多的有机酸，应浅水勤灌，干湿交替，在保持土壤湿润的条件下，力争改善土壤通气状况。

4. 创新农作制度间接还田

（1）前作翻耕后直接作为后作的肥料。江南一带最典型、最传统的就是种植绿肥，包括紫云英和苜蓿（黄花草籽），然后在春季成熟前全量或部分收割后大量翻耕入田，腐烂后作为后作的底肥直接还田。一般情况下，紫云英作为旱稻的底肥，苜蓿作为旱地作物，如柑橘、棉花等的底肥，数量足，方法简单，肥效明显。在品种选择上，目前紫云英多用“大桥种”“姜山种”；苜蓿大多用“紫花苜蓿”。

（2）间作套种。在收获季节上时间相近或相邻的2种作物，前后或相同时间按比例相隔种植在一起，一般是矮秆作物与高秆作物相搭配。稍早收获的作物秸秆还田留作另一作物的覆盖物。腐烂后既可作为肥料，又可防止杂草滋生、保持土壤墒情。也可选择喜光作物与喜阴作物相搭配。如玉米与大豆间作，大豆稍早些，其收获后豆秆还田作为玉米的覆盖物；低龄果园套种豆类、薯类作物等，收获后将秸秆直接烂于田中作为肥料，覆盖保墒，防止杂草丛生。

（3）茬口搭配。即前后茬作物之间的搭配种植。一般是前作收获后的秸秆全部或部分作为后茬作物的覆盖物。如“晚稻—马铃薯”“棉花—豌豆”“大小麦—西瓜”等种植模式。晚稻收获后的稻草全部或部分作为马铃薯免耕栽培的覆盖物，待马铃薯收获时，稻草也基本上腐烂了；棉花收获后棉秆原地不动，在其行间免耕套种豌豆，待豌豆长高时，滕蔓直接爬上棉秆，棉花就是豌豆的攀附作物，这样可节省许多劳动用工；大小麦地套种露地西瓜的，大小麦收获时只割去上部麦秆，基部留于田中，作为后茬西瓜田的覆盖物，西瓜藤蔓爬上麦秆后，所长的西瓜其瓜形圆润美观、表皮清洁干净，麦秆腐烂后也是西瓜的优质有机肥。

（三）秸秆还田注意要点

1. 确定适宜的翻压覆盖时间

最好是边收边耕埋，加快秸秆分解速度。浙江省双季稻地区，多采用早稻草原位直接还田，在早稻脱粒后即将稻草撒匀翻埋还田；麦田免耕覆盖，在播种至四叶期进行，以播后覆盖最为普遍；冬绿肥田盖草宜在晚稻收割后立即进行。

2. 配备好农业机械

农机配备与使用是制约秸秆还田的重要因素，翻压和粉碎都离不开农机具。因此，根据当地实际情况和需要，选择好适宜的农机种类、型号，确定合理的搭配数量十分重要。

3. 选择适宜的翻压深度和粉碎程度

南方稻草翻压还田主要是用早稻草还于晚稻田，选用大中型拖拉机或8.8千瓦手扶拖拉机配旋耕机、切脱机进行还田作业。犁耕或旋耕深度一般在18~42厘米，多数控制在22~27厘米。粉碎程度，在手工操作时一般是将稻草切一刀或二刀以成15~20厘米的碎段还田，使用机械作业时则多掌握在5~10厘米为宜。还田数量不宜过多也不能太少，过多会影响下茬作物播种质量，过少则效果不大。

4. 调控土壤水分

秸秆分解依靠的是土壤中的微生物，而微生物生长繁殖要有合适的土壤水分。秸秆还田田间土壤含水量以田间持水量的60%~70%时为宜，最适于秸秆腐烂。如果水分太多，处于淹水状态。翻压秸秆，容易在淹水还原状态下产生甲烷、硫化氢等还原气体，因此，未改良的低洼渍涝田、烂泥田、冷浸田不宜进行

秸秆还田。对进行了秸秆还田的田块也要注意水分管理，稻田要浅灌勤灌，适时搁田。旱作也要注意调节水分。

5. 合理配施氮磷钾等肥料

农作物秸秆碳氮比值较大，一般为（60～100）：1，同时，土壤微生物在分解作物秸秆时，也需要从土壤中吸收大量的氮，才能完成腐化分解过程。因此，在秸秆还田时，需要合理地配施适量氮磷钾肥，一般以每 100 千克秸秆加施 10 千克碳酸氢铵。缺磷和缺硫的土壤还应补施适量的磷肥和硫肥。

6. 注意病虫草害传播与防治

带有病菌的秸秆应运出处理，不应还田，如患有纹枯病、稻瘟病、白叶枯病等病害的稻草都不能还田。有二化螟、三化螟发生的田块、稻桩应深翻入土。杂草与作物争水、争肥、争光，侵占地上部和地下部空间，影响作物光合作用，降低作物产量和品质，杂草还是病虫害的中间寄主，因此，在采用秸秆还田的同时，应加强对杂草的防治。南方麦田覆盖秸秆前，应先用 60%丁草胺乳油 100 克，对水 75 千克，进行喷雾灭草。

二、利用秸秆制作堆肥

利用秸秆并辅以其他材料，如落叶、野草、水草、绿肥、草炭、垃圾、河泥、塘泥、人畜粪尿等各种有机废弃物，通过堆制可以制成农村常用的一种有机肥料——堆肥。据考证，我国从明、清时期开始，就已有应用堆肥的记载，1591 年《袁黄宝氏劝农书》中的“蒸粪法”，即相当于现在的堆肥。此书中指出：蒸粪是在农村空地上筑置茅屋，屋檐必须要低，使它能遮蔽风雨。凡灰土、垃圾、糠秕、秸秆、落叶等都可以堆积在里面，随即把粪堆覆盖起来，闭门上栓，使堆积物在屋内发热腐烂成粪。冬季为了保温可以挖坑堆积，夏季则可使用平地堆积。

（一）堆肥的制作

1. 材料

秸秆是堆肥的主体原料，但同时要辅以促进分解的物质，如人畜粪尿或化学氮肥、污水、蚕砂、老堆肥及草木灰、石灰以及一些吸收性强的物质如泥炭、黏土及少量的过磷酸钙或磷矿粉等，以防止和减少氨的挥发，提高堆肥的肥效。

2. 堆肥腐熟原理

堆肥的腐熟包括堆制材料的矿质化和腐殖质化 2 个过程。初期以矿质化为主，后期则为腐殖质化占优势。具体可分为以下几个阶段。

（1）发热阶段。常温至 50℃左右，一般需 6~7 天，一些菌类等中温性微生物，分解蛋白质和纤维素、半纤维素，同时，放出 NH_4、CO_2和热量。

（2）高温阶段。堆温升至 50%~70%，一般只需 3 天。此阶段主要是分解半纤维素、纤维素等，同时，也开始进行腐殖质的合成。

（3）降温阶段。从高温降到 50℃以下，一般 10 天左右，此时秸秆制肥过程基本完成。秸秆肥腐熟的标志：一是秸秆变成褐色或黑褐色，湿时用手握之柔软有弹性，干时很脆容易破碎；二是发酵充分或者反应剧烈的话，可闻到酸气。

（4）后熟保肥阶段。此阶段堆肥中 C/N 比减少，腐殖质数量逐渐增加，秸秆肥料可以投入施用。但要做好保肥工作，否则，易造成氨的大量挥发。

（二）影响堆肥腐熟的因素

微生物的好氧分解是堆肥腐熟的重要保证，凡是影响微生物活动的因素都会影响堆肥腐熟的效果。主要包括水分、空气、温度、堆肥材料的 C/N 比和酸碱度（pH 值），其中，堆肥材料的 C/N 比是影响腐熟程度的关键。

1. 有机质含量

有机质含量要适宜。有机质含量低的物质发酵过程中所产生的热将不足以维持堆肥所需要的温度，而且产生的堆肥肥效低；但有机质含量过高，又将给通风供氧带来影响，从而产生厌氧和发臭；堆肥中最合适的有机物含量为20%~80%。

2. 碳氮比

一般认为微生物活动所需的碳氮比（C/N）为25∶1，即菌体同化1份氮时需消耗25份碳，其中，5份碳与1份左右的氮构成菌体，约20份碳用于呼吸作用的能量消耗。当碳氮比过高，C/N>25时，碳多氮乏，微生物的发展受到限制，有机物的分解速度就慢、发酵过程就长。容易导致成品堆肥的碳氮比过高，这样堆肥施入土壤后，将夺取土壤中的氮素。陷入“氮饥饿”状态，影响作物生长；反之，如氮不足，C/N<25时，碳少氮剩，则氮将变成氨态氮而挥发，导致氮元素损失而降低肥效，分解慢，氨损失。

3. 水分

在堆肥过程中，适宜的含水量为堆肥材料最大持水量的60%~70%，水分超过70%，温度难以上升，分解速度明显降低。因为水分过多，使堆肥物质粒子间充满水，有碍于通风，从而造成厌氧状态，不利于好氧微生物生长并产生H_2S等恶臭气体。水分低于60%，则不能满足微生物生长需要，有机物难以分解。

4. 温度

堆体温度应掌握前低、中高、后降的原则。不能太高，最高50~70℃。这是因为温度的作用主要是影响微生物的生长。高温菌对有机物的降解效率高于中温菌，快速高温好氧堆肥技术正是利用这一点。初堆肥时，堆体温度一般与环境温度相一致，经过中温菌1~2天的作用，堆肥温度便能达到高温菌的理想温度50%~65%，在这样的高温下，一般堆肥只要5~6天，即可达到无害化。堆温过低会延长腐熟的时间，而过高的堆温（>70℃）将对堆肥微生物产生有害的影响。外界环境温度过低时，要考虑覆盖保温、接种热源。

5. 碳磷比

一般要求堆肥的碳磷比（C/P）在（75~150）：1为宜。增加无机磷（包括易溶和难溶磷肥）主要目的是通过堆肥使无机磷转化为有机磷或磷酸根，通过金属元素（如Ca或Fe）与有机酸如腐殖质酸形成三元复合体，达到减少磷肥直接施用造成的土壤固定作用；难溶磷肥（磷矿粉）可通过堆肥过程达到提高溶解度的目的。

6. pH值

一般微生物最适宜的pH值是中性或弱碱性，pH值不能>8或<5.3。pH值太高或太低都会使堆肥处理遇到困难。在堆肥初始阶段，由于有机酸的生成，pH值下降（可降至5.0），如果废物堆肥成厌氧状态，则pH值继续下降。此外，pH值也会影响氮的损失。一般情况下，堆肥过程有足够的缓冲作用，能使pH值稳定在可保证好氧分解的酸碱度水平。

（三）堆肥的施用与效果

堆肥是一种含有机质和各种营养物质的完全肥料，长期施用堆肥可以起到培肥改土的作用。堆肥属于热性肥料，一般多用作基肥。

在具体施用时，堆肥应视不同土壤，采用不同的施用方法，如在黏重土壤上应施用完全腐熟的堆肥，沙质土壤则施用中等腐熟的堆肥。施用堆肥不仅能提供给作物多种养分，而且能大量增加土壤有机质，补充土壤大量的微生物类群，因而施用堆肥，能提高土壤肥力。增加N、P、K养分，提高保水性、透水性，增加空隙度。

三、利用秸秆制造沤肥

利用秸秆制造沤肥，是秸秆肥料化利用的方式之一。在我国南方平原水网地区，历来就有堆制沤肥的习惯，在北方有水源的地方或在雨季，利用秸秆制作沤肥也不罕见。

（一）沤肥堆制历史

堆制沤肥还田，主要是将秸秆和稻草等物质堆肥发酵腐熟后施入土壤中。在我国，沤肥的历史至今已有800余年。据古代文献记载，我国沤肥始于公元12世纪的南宋。虽然当时没有明确地提出沤肥这一名称，但在事实上已经开始应用。1630年明代《国脉民天》里又记载了“酿粪法”，它是宋代沤肥方法的发展与改进。酿粪是在宅旁前后的空地上，建置土墙草屋并挖坑，用鱼腥水沤制青草和各种有机废物。因此，酿粪法更加接近于当今我国南方农家惯用的沤肥。

由于沤肥沤制的场所、时期、材料和方法上的差异，各地名称不一。江苏省称“草塘泥”，湖南省、湖北省、广西壮族自治区称“凼肥”，江西省、安徽省称“窖肥”，华北称“坑肥”，河南省称“汤肥”等。秸秆堆肥后使得木质素降低。促进土壤对营养物质的吸收，改善土壤理化性质。以前农村比较普遍，因为肥料种类少，不得不这样做，这是重要的肥源；现在应用较少，原因是堆沤劳动强度大、时间长，农民不愿采用，一般可选择在夏季，腐烂快速、转运方便、就近进行。

（二）沤肥堆制方法

利用秸秆堆制沤肥，实际上就是在兼气条件下进行腐解，在沤制过程中养分损失少，肥料质量高。但沤肥腐熟的时间要比堆肥长。目前，此项技术的常有操作方法：先挖好1个深度≥1.5米的坑，坑的大小、形状应根据场地和秸秆材料量的多少灵活掌握。挖坑完成后，将坑底夯实，先铺一层厚30厘米左右未切碎的稻秆、麦秆或玉米秸秆，加施适量水分，调节好含水量。然后将秸秆全部粉碎成10厘米左右小段后堆成20厘米厚的草堆，并向堆上泼洒秸秆腐熟剂、人畜粪（可用尿素或碳酸氢铵代替）水液，然后再堆第二层，以此类推，逐层撒铺，共堆10层左右，堆层高出地面1米左右，然后用土将肥堆覆盖或加盖黑塑料膜封严沤制。

秸秆堆沤温度应控制在50~60℃，最高不宜超过70℃。堆沤湿度以60%~70%为宜，即用手捏混合物，以手湿并见有水挤出为适度，秸秆过干要补充水分。在夏季、秋季多雨高温时期，一般堆腐时间5~7天。即可作为底肥施用。

堆沤中每吨秸秆腐熟剂总用量为2千克，人畜粪总用量为100~200千克（可用尿素5千克或碳酸氢铵20千克加水代替）。秸秆腐熟剂由主要物料+辅料+生物菌配置而成，可向有关生物技术公司购买，有条件的也可自己配置。主要物料为畜禽粪便、果渣、蘑菇渣、酒糟、糠醛渣、茶渣、污泥等大宗物料，果渣、糠醛渣等酸度高，应提前用生石灰调至pH值7.0左右。辅料为米糠、锯末、饼粕粉、秸秆粉等，干燥、粉状、高碳即可；生物菌主要由细菌、真菌复合而成，互不拮抗，协同作用。有效活菌数在200亿个/克以上。

四、秸秆制沼还田

秸秆可用于发酵，产生沼气作为能源应用。同时，秸秆制沼以后产生的副产品——沼渣与沼液，又是很好的有机肥料。

近年来，各地逐步在推行的高温发酵仓技术，实际上这是一种新型的秸秆制沼还田方式，是基于农村废弃物厌氧发酵的农业循环利用系统。它主要由太阳能发酵房和厌氧发酵池两大部分组成。其原理是秸秆经粉碎机粉碎后进入太阳能发酵房，固体废弃物在发酵仓中堆沤发酵，渗滤液经由管道到达厌氧池厌氧处理，

厌氧产生的沼气净化后用于发电。根据作者在宁海国盛果蔬专业合作社农田的试验处理（表4-3），不同作物秸秆废弃物在自然条件下腐烂和发酵仓中腐烂所用时间对比，效果完全不同。

表4-3　不同作物发酵仓腐烂与自然腐烂所用时间对比

（单位：天）

作物	试验月份	自然腐烂	发酵仓腐烂
西兰花	12	48	36
松花菜	11	45	34
柑橘残渣	10	3个月以上	52

高温发酵仓技术高效、环保，设备简单易操作，但也存在着缺陷。一是受地域影响，一般适合规模生产基地就近区域应用；二是受天气季节影响，晴天效果佳，阴雨天效果差。夏季效果明显好于冬季；三是受作物影响，只局限应用于少数作物。如对蔬菜、柑橘等作物秸秆废弃物进行处理时会产生大量酸性物质，不利于发酵进行，为调节发酵仓酸碱度，大量石灰或氢氧化钠使用也会增加成本。目前，已有人对发酵仓进行改良，在发酵仓底部加入鼓风设备鼓入热气，可加速阴雨天或冬天的发酵速度。

五、秸秆快腐剂与生物反应堆应用

（一）秸秆快腐剂应用

秸秆快速腐熟剂是在堆沤的基础上，利用有机物的微生物代谢分解原理，增加细菌数量，快速有效地对秸秆进行分解的一种方法。一般的秸秆腐熟剂是由不同的微生物组成，包括酵母菌、霉菌、细菌和芽孢杆菌等。这些微生物能够将秸秆作为自己新陈代谢的原料和能源，转化成植物生长所需的有机物以及氮、磷、钾等大量元素和钙、镁、锰、硼等微量元素，从而促进植物的生长。根据堆腐过程中堆温变化可将其分为4个阶段。

1. 升温阶段（堆沤初期）

堆温由常温升到50℃左右，夏秋仅需1~2天，该阶段与稻秆的新鲜程度及含水量有关。这个阶段中温性微生物分解秸秆中被水淋溶下来的有机物，并放出热量，使堆温升高到30%以上，营造高温微生物的生长繁殖条件。

2. 高温阶段

堆温从50℃上升至65~70℃。除前一阶段未完全分解完且易被分解的有机质继续分解外，主要是以高温性微生物分解纤维素、半纤维素、果胶等。与此同时，堆内进行与有机质分解相对立的腐殖化过程，形成少量黑色的腐殖质。当高温持续一段时间后，纤维素、半纤维素、果胶已大多分解，只剩下难以分解的复杂成分（木质素和新形成的腐殖质）。这一阶段是优质堆腐的核心，一般历时10~15天。

3. 降温阶段

高温微生物的生命活动减弱，产生的热量减少，温度逐渐下降。中温性微生物代替了热性微生物，堆温由50℃下降至40℃左右，历时约10天。

4. 腐熟保肥阶段

堆温继续下降至30℃左右，堆肥物质进一步缓慢腐解，成为与土壤腐殖质十分相近的物质。

与传统发酵法相比，利用秸秆快腐剂堆腐的肥料营养成分更高一些，首先，有机质含量能够达到60%，有效养分相当于一般土杂肥的2~3倍；其次，腐熟剂中的一些细菌，能够有效地将秸秆中的磷、钾等成分转化为植物需要的养分形式，从而有利于植物吸收；再次，通过整个发酵过程，能够降低土壤中致病细菌的含量，减少农作物病害发生比例。在堆肥过程中的高温阶段能够将许多致病菌和杂草种子杀死。另外，利用腐熟剂对秸秆进行

堆肥，还能够刺激作物的生长，使作物生长更加茁壮，根系更加发达。

对水稻、小麦等作物的试验研究表明，使用秸秆快腐剂能加速作物秸秆腐烂，但不同作物的秸秆腐烂进度表现不同（表 4-4），其中，在早稻、蚕豆上效果最为明显，腐烂时间分别提前了 3 天和 4 天。究其原因主要有以下几种可能：一是季节温度的影响，早稻 7 月收割，正值夏季气温高，微生物活性相对较大，能快速地分解有机物质；二是不同作物秸秆的化学成分不同，水稻小麦秸秆中粗纤维含量高，水分含量低，蚕豆中粗纤维含量稍低，导致其较菜叶类秸秆腐烂速度慢。值得注意的是，秸秆在田间腐烂过程中，微生物代谢需要消耗一定的氮元素和碳元素，微生物分解有机物适宜的碳氮比为 25∶1，而多数秸秆的碳氮比高达（70~75）∶1，这就会导致微生物必须从土壤中吸取氮元素以补不足。从而造成秸秆腐烂和作物幼苗争氮的现象，因此，秸秆腐烂分解时需增施适量氮肥，这一点要值得关注。

表 4-4　不同作物应用快腐剂效果对比　（单位：天）

作物	应用月份	自然腐烂	应用快腐剂腐烂
早稻	7	14	10
晚稻	11	32	24
小麦	5	22	16
蚕豆	5	10	6

（二）秸秆生物反应堆还田技术

秸秆生物反应堆技术，是指将农作物秸秆加入一定比例的水和微生物菌种、催化剂等原料，使之发酵分解产生 CO_2 并通过构造简易的 CO_2 交换机（或靠扩散释放）对农作物进行气体施肥，满足农作物对 CO_2 需求的一项技术。此技术不仅能够“补气”

（增加 CO_2），而且可有效增加土壤有机质和养分，提高地温，抑制病虫害，减少化肥农药使用量。该技术方便简单，运行成本低廉，增产增收效果显著，适用于从事温室大棚瓜果、蔬菜等经济作物生产的农户应用。

六、果枝制作基质

在城市公园、道路两侧，因绿化养护及果园整枝修剪而产生的剪枝、间伐材、草坪叶和秋季落叶等有机废弃物，主要成分是可溶性糖类、淀粉、纤维素、半纤维素、果胶质、木质素、脂肪、蜡质、磷脂以及蛋白质等，木质含量高，不易腐烂，在处理利用时应区别对待，分 3 步加以处理。

（一）减量化、无害化处理

通过机械粉碎，使其体积缩小、木质纤维初步破坏，以解决运输难、占地大的问题，然后再进行药物消毒处理或以土掩埋。直接堆腐也可，但因其木质含量大，堆腐时间长，费时费力，养分损失，容易污染环境，不如先粉碎消毒，以达到减量化、无害化的要求。

（二）发酵处理

无害化发酵处理是处理果枝、树枝等富含木质成分的有机废弃物最核心的技术，处理时需要对温度、水分、酸碱度、配料添加比例等发酵条件进行综合调控。

（1）水分调控。木质材料发酵前用水浸透，发酵过程中，水分保持在 60%~70%。

（2）空气调控。堆积时不宜太紧，也不宜太松，料堆上要打通气孔，以保持良好的通气条件。

（3）温度调控。发酵初期，料温以达到 55~70℃高温为宜，并保持 1 周左右，促使高温微生物分解木质素。之后 10 天左右维持 40~50℃高温，使木质素进一步分解，促进氨化作用和养分

释放。

(4) 酸碱度与碳氮比调控。酸碱度保持在中性或微碱性为好；碳氮比以（25~30）：1为宜，通过添加尿素来进行调节。

(5) 营养调控。适量加入豆饼、麦麸，为微生物的活动补充营养。

(6) 微生物调控。利用微生物促进发酵。微生物可选用EM菌、酵素菌、木屑菌等，用量为0.5千克/立方米。

(三) 基质深加工

(1) 杀菌处理。经过高温腐熟后的木质有机物在发酵过程中会产生大量的酚类和苯环类有害物质，对作物生长极为不利，故应采用化学杀菌方法予以处理。一般可用15%甲醛、杀虫剂等浸泡灭菌后晒干。

(2) 基质形成。处理后的木质有机物可与一定的农家畜禽有机肥或化肥等进行混配，制成在茄果类、瓜类、叶菜类、根茎类蔬菜上应用的不同基质。

七、秸秆过腹还田

将秸秆饲喂牲畜后产生的粪尿等排泄物施入土壤，称为秸秆牲畜过腹还田。采用过腹还田方式处理秸秆，不仅能满足了牲畜的部分饲料需求，并且可以通过动物对秸秆的消化使其转化为有机肥，因此，过腹还田既有利于畜牧业发展，又可改善农田养分状况，形成秸秆在家畜和农田之间的循环利用，是一种发展农业循环经济的有效方式。

第三节　农作物秸秆能源化利用

随着石化能源的日趋枯竭和经济社会发展中能源短缺矛盾的日益突出，国家从“六五”末就开始组织对秸秆的能源化利用进行研究和攻关，现已取得较大进展。

一、秸秆气化集中供气技术

秸秆气化集中供气技术，是我国农村能源建设推出的一项新技术。它是以农村丰富的秸秆为原料，通过燃烧和热解气化反应转换成为气体燃料，在净化器中除去灰尘和焦油等杂质，由风机送入气柜，再通过铺设在地下的网管输送到系统中的每一用户，供炊事、采暖燃用，使用方便。

我国从“七五”期间开始对这项技术进行科研攻关。“八五”期间由国家科委、农业部在山东省等地进行试点，先后研制出3种形式的气化炉：上吸式、下吸式、层式下吸式，然而研究的步伐远落后于发达国家。目前，我国在生物质热分解气化研究上已取得较大发展，从单一固定床气化炉到流化床、循环流化床、双循环流化床和氧化气化流化床；由低热值气化装置到中热值气化装置；由户用燃气炉到工业烘干、集中供气和发电系统等工程应用。我国已建立了各种类型的试验示范系统，目前低热值秸秆气化效率在70%左右，其自行研究开发的气化集中供气技术在国际上已处于领先地位，有的应用设备已开始商业运作。例如，山东省能源所成功地研制成XFL系列型生物气化机组及集中供气系统，被列入“星火”示范工程；江苏省吴江市生产的稻壳气化炉，用碾米厂的下脚料汽化后进行发电，其发电机组达160千瓦。生产低热值燃气的固定床、流化床生物质气化装置也相继研制成功，并开始投放市场，如在山东省、河北省等地，XD型、XFF型、GMQ型等下吸式汽化器已用于燃气供热和农村集中供生活用燃气：已有100多套容量为60~240千瓦的稻壳气化发电机组投入运行，生物质燃气发电机组也已开发成功。这些气化装置的特点是操作比较简单，但燃气热值一般在5兆焦/立方米左右。生产中热值煤气气化设备的研制也取得初步成果，

如热载体循环的木屑气化装置获得了 11 兆焦/立方米以上的煤气，单产达到 1.0 标准立方米/千克左右；固定床式干馏气化产气量达到 330 立方米/天，煤气转化率在 40%左右。进入 20 世纪 90 年代后，为进一步推广应用，国内一些高等院校和科研院所在生物质热解特性、焦油裂解、煤气净化等方面又做了大量应用研究，取得不少成果，技术逐步趋向成熟。1996 年，我国秸秆气化技术开始全面推广应用。在发达国家特别是西欧和美国。这一技术不仅已经普遍推广，而且也形成了较大的产业规模。

秸秆气化所形成的可燃气体，是一种混合燃气，据北京市燃气及燃气用具产品质量监督检验站 2000 年检验：可燃气体中含氢 15.27%、氧 3.12%、氮 56.22%、甲烷 1.57%、一氧化碳 9.76%、二氧化碳 13.75%、乙烯 0.10%、乙烷 0.13%、丙烷 0.03%、丙烯 0.05%。

（一）秸秆类生物质气化集中供气工程

由燃气发生炉机组、储气柜、输气管网、用户燃气设备 4 部分组成。

1. 燃气发生炉机组

燃气发生炉机组主要采用技术成熟的固定床气化炉。机组由 5 个部分组成。

（1）原料粉碎、送料部分。原料经过粉碎达到要求后，经上料机送入气化炉。

（2）原料气化部分。粉碎后的秸秆原料，在气化炉内进行收控燃烧和还原反应，产生燃气。

（3）燃气净化系统。该系统由气体降温、水净化处理、焦油分离 3 个部分组成，净化处理后的污水进入净化池，经沉淀净化处理后，返回机组重新使用，不外排。

（4）气水分离部分。用风机将燃气送入储气柜，焦油送入焦油分离器。

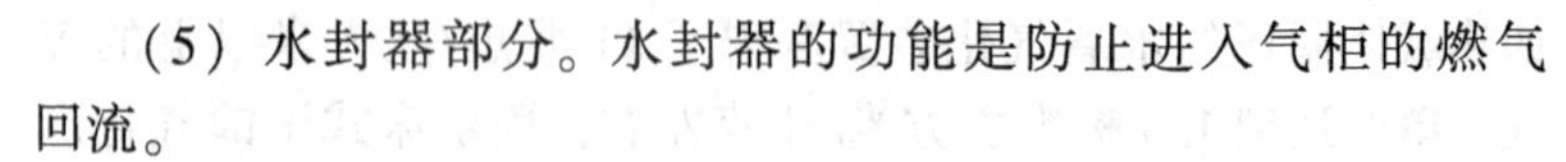

（5）水封器部分。水封器的功能是防止进入气柜的燃气回流。

2. 储气柜

净化后的燃气即时送入储气柜，储气柜的作用主要是储存燃气，调节用气量，保持气柜恒定压力，使燃气炉灶供气稳定。储气柜有气袋式、全钢柜、半地下钢柜等多种结构，可根据具体情况选择使用。

3. 管网

由管道组成的管网，是将燃气送往用户的运输工具。分为干管、支管、用户引入管、室内管道等。燃气管网属于低压管网，管道压力不大于400帕。

4. 用户燃气设备

如家用燃气灶、燃气热水炉、压缩机、热水锅炉等。

（二）工艺流程

秸秆类生物质气化集中供气工程工艺流程，如下图所示。

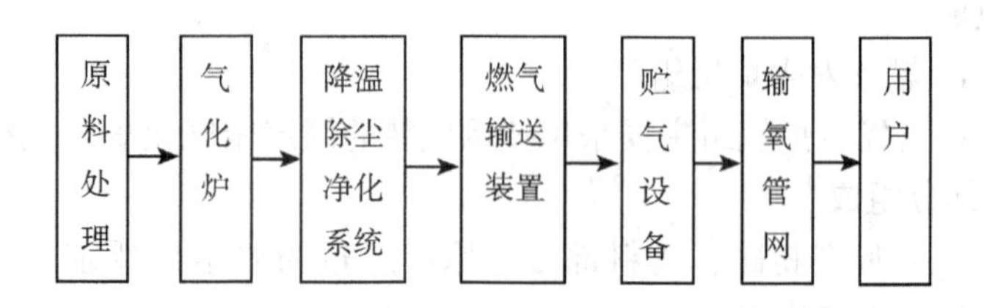

图　气化集中供气工程工艺流程

国内如山东省农村秸秆集中供气系统目前已得到较大的推广应用，建成供气工程约300家，总投资额达亿元以上；其他省份也已有几十家单位从事农村秸秆集中供气装置的生产、销售。秸秆气化集中供气技术以农村大量的各种秸秆为主要气化原料，以集中供气的方式向农民提供炊事燃气或烘干粮食的热能。

（1）我国大量推广应用的农村秸秆集中供气系统，都是以

空气介质生产的低热值生物质燃气。这种燃气中的可燃成分以CO为主，其含量超过国家规定的民用燃气标准，特别是农村，农民文化科技素质较低，用这种燃气做炊事用气，存在着较大安全隐患。

（2）由于燃气值低，燃烧后的废气对环境污染较大。送气管道在使用工程中，焦油清除不净，很容易被堵塞；生产过程中脱离出来的焦油数量少，难以再回收利用，如果排放出来，会造成环境污染。

二、秸秆固化

（一）秸秆固化技术进展

秸秆固化技术即秸秆固化成型燃料生产技术，是指在一定条件下，将松散细碎的、具有一定粒度的秸秆挤压成质地致密、形状规则的棒状、块状或粒状物的加工工艺，又称秸秆固化成型、秸秆压缩成型或秸秆致密成型。秸秆固化成型技术按生产工艺分为黏结成型、热压缩成型和压缩颗粒燃料，可制成棒状、块状、颗粒状等。

秸秆固化技术的研究，国外起步于20世纪30年代，美国和日本最先开发研制了秸秆固化成型的机械和设备。1945年日本推出螺杆挤压式固化成型设备：1983年日本从美国引进生物质颗粒成型燃料技术；1987年美国建立了10多个生物质颗粒成型燃料厂，年生产能力达到10多万吨，同年日本也有几十家企业将生物质固化成型燃料投入产业化生产；80年代，泰国、越南、印度、菲律宾等国家也研制出一些适合本国国情的农作物秸秆及生物质固化设备，建立了一些专业生产厂。

随着炭化技术研究成果的出现，我国在生物质成型技术上取得了可喜的成绩，并由生活燃料为主转向了工业化应用，在供暖、干燥、发电等领域普遍推广。西北农林科技大学已经研制出

JX7.5 JX11 和 SZJ80A 3 种植物燃料成型机。全国 40 多个中小型企业也开展了生物质成型这方面的工作，如江苏省句容县石狮成型燃料厂，拥有 MD 2 台、干燥设备 1 套，年产量 960 吨，产品价格 200 元/吨，年利润 2.338 万元：湖南省新晃县步头降乡实验厂，有 c1001 型碳化设备，年产量 396 吨，年利润 2.47 万元，产品价格 400 元/吨；辽宁省沈阳郊区机制木炭厂，有 2 台成型机，3 台炭化炉，年产量为 300 吨，产品价格 1 700元/吨，年利润 26.65 万元，等等。我国农作物秸秆固化成型燃料和饲料的生产技术已基本成熟。

秸秆固化成型燃料性能优于木材，既保留秸秆原先所具有的易燃、无污染等优良燃烧性能，又具有耐烧特性，且便于运输、销售和贮存。此外，秸秆固化成型燃料由于取自自然状态的原料，不含易裂变、爆炸等化学物质，因此，不会像其他能源那样，发生中毒、爆炸、泄漏等事故。秸秆固化成型燃料既可以作为优质替代燃料供锅炉、采暖炉、茶水炉及坎事等使用，又可用作工农业生产燃料，也可用于替代燃煤发电，还可经过进一步深加工，用于生产人工木炭、活性炭等高附加值产品。

（二）秸秆固化工艺流程

秸秆固化工艺流程：秸秆收集→干燥→粉碎→成型→成品→燃烧→供热。

（三）秸秆固化热压致密成型机理

主要是木质素起胶黏剂的作用。木质素在植物组织中有增强细胞壁和黏合纤维的功能，属非晶体，有软化点，当温度在 70～110℃时黏合力开始增加，在 200～300℃时发生软化、液化。此时，再加以一定的压力，维持一定的热压滞留时间，可使木质素与纤维致密粘接，加压后固化成型。粉碎的生物质颗粒互相交织，增加了成型强度。

目前，可供推广使用的压制成型机械主要有螺旋挤压式、活

塞冲压式和环模滚压式等几种类型。此外，固化了的成型燃料还可使用碳化炉对其进行深加工，制成机械强度更高的“生物煤”“秸秆煤”。

三、秸秆制沼工艺

秸秆制沼技术，是一种以农作物秸秆为主要发酵原料生产沼气的新技术。秸秆发酵所产生的沼气中可燃甲烷气高达50%~70%，在稍高于常温的状态下，利用PVC管进行传输，作为农家烹饪、照明、果品保鲜等能源。利用秸秆制沼，原料充足，生态环保，产气率高，供气周期长，是解决常规制沼粪源不足、使用率低及秸秆污染的有效途径。

秸秆制沼的技术要点如下。

（一）选用池型，按图施工

制沼池型应根据制沼的原料决定，经各地试验，适合秸秆制沼的池型以两步发酵多功能沼气池最为理想，该池型的特点是将产生沼气的过程分成2个池来完成，先酸化，后产气。

两步发酵多功能沼气池的优点是：①管理使用方便；②产气率高，在原料充足，发酵正常的情况下，产气率比常规池要高2倍以上；③可自动完成搅拌、破壳，能避免表面结壳和底层沉淀的现象；④占地面积小；⑤产酸池料温高，产气池微生物降解秸秆、转化甲烷速度快。

（二）备足原辅材料

要选择无蜡质、无光泽、存放1年以上的稻秆、麦秆、玉米秆为原料，这种秸秆吸肥吸水快、腐化时间短。据试验，在35℃条件下水稻、小麦、玉米秆每千克干物质的产气量分别为0.5立方米和0.45立方米，在20℃条件下每千克干物质的产气量为35℃条件下的60%。建设1个8立方米沼气池约需秸秆400千克、碳酸氢铵15千克（或尿素6千克）、生物菌种1千克、水

450 千克。如 10 立方米沼气池需备秸秆 500 千克、碳酸氢铵 16 千克（或尿素 6.5 千克）、生物菌种 1.2 千克、水 500 千克。

（三）搞好秸秆预处理

先将秸秆在铡草机上铡成 5～10 厘米，或用粉碎机将秸秆粉碎成 1～3 厘米的碎片。每立方米沼气池需备处理后的秸秆 50～55 千克。秸秆铡短后，放入酸化池，边放边加水，混合均匀，湿润堆沤 24 小时后，加入对水后的碳酸氢铵（或尿素）、生物菌种，泼在湿润的秸秆上，翻动秸秆，使之混合均匀，最终使秸秆含水率达到 55%～70%，即以用手捏紧秸秆有少量的水滴下为宜。

如用新鲜稻草为原料，要先经机械揉搓，使秸秆中的纤维素、半纤维素、木质素的镶嵌结构受到破坏，有利于生物菌种的侵蚀渗透。

完成上述处理后，可在酸化池中对秸秆进行堆沤，堆沤时要在堆垛的四周及顶部每隔 30～50 厘米打 1 个孔，以利于通气，并用塑料薄膜覆盖严密，若气温低应加盖草苫保温，堆沤 7～8 天，待秸秆长出白色菌丝，堆沤酸化成功。

（四）将酸化后的秸秆放入产气池

将长出白色菌丝已完成酸化的秸秆，移入预先建造好的沼气池（产气池）中。秸秆移入前要将碳酸氢铵 10～12.5 千克溶于水中，然后与接种物、处理好的秸秆一起混合均匀填入沼气池中，再注水淹没秸秆。据试验，淹没的程度以达到主池容积的 90%、补水至密封口 60～70 厘米的距离为度，然后加盖封池。在沼气发酵启动排放初期，不能放气试火。

（五）放气试火

当水表压力达到 20 厘米水柱以上时，进行 1～2 天放废气后才能进行试火。试火成功后，启动即告完成。

（六）日常管理

秸秆沼气池使用2～3个月，气压有所下降时，要及时进行循环搅拌，时间约0.5小时。同时，每隔15～20天，可补充少量的人畜粪尿，保证正常使用。若前期火苗太小，可适当再加入10千克碳酸氢铵，调节碳氮比。秸秆沼气池使用时间为8个月左右，因此应按时进行换料。大换料要求池温在15℃以上的季节进行，低温季节不宜进行大换料。大换料时应注意：①大换料前10天应停止进料。②要准备好足够的新料，待出料后立即重新进行启动。③出料时尽量做到清除残渣，保留细碎活性污泥，留下10%～30%的活性污泥为主的料液做接种物。

第五章　农村沼气能源开发利用

第一节　沼气发酵理论

一、沼气发酵和沼气发酵微生物

沼气发酵又称甲烷发酵或厌氧消化，是指有机质在厌氧条件下通过微生物的分解代谢活动，最终产生沼气的过程。就农村来说，从沼气池投料开始，到产气结束、揭盖出料为止，整个过程中沼气池内部在进行沼气发酵。

参加沼气发酵的微生物种类很多。按照它们的作用来分，有两大类：一类是不产生甲烷的微生物。这类微生物的作用是把复杂有机质分解为简单有机质，为产甲烷微生物的活动提供原料。它们并不能把投入沼气池的原料转变成沼气。另一类是产甲烷微生物，其作用是把不产甲烷微生物分解产生的简单有机质转变成沼气。

不产甲烷微生物又由许多微生物组成，从种类来分，有细菌、真菌和原生动物三大类；从对环境的要求来分，有厌氧菌、兼性厌氧菌、好氧菌，但以厌氧菌的数量最多，比兼性厌氧菌和好氧菌多100~200倍；从作用来分，有纤维分解菌、半纤维分解菌、淀粉分解菌、蛋白质分解菌、脂肪分解菌、产氢产乙酸细菌和其他特殊细菌（如能还原硫酸盐的去磺弧菌）。前5种细菌的作用是分别将发酵原料的纤维素、半纤维素、淀粉、脂肪、蛋

白质分解成小分子化合物，为产甲烷菌生产甲烷提供原料；产氢产乙酸细菌的作用是将沼气发酵过程中产生的醇、挥发性饱和有机酸（丙酸、丁酸等）进一步转化成乙酸、氢和二氧化碳，为产甲烷菌所用。

产甲烷微生物都是专性厌氧菌，只能在极其严格的厌氧环境中生活。产甲烷菌繁殖的时间一般都比较长，增长 1 倍要 4 天左右，也有繁殖时间比较短的，增长 1 倍不到 3 小时。截至目前，人们得到的产甲烷菌纯种不多，只有 13 种，产甲烷菌的形态有 4 种：八叠球状、杆状、球状和螺旋状，分别称为甲烷八叠球菌、甲烷杆菌、甲烷球菌和甲烷螺旋菌。产甲烷菌的作用是将不产甲烷微生物分解产生的氢、二氧化碳和乙酸、甲酸转化成甲烷。但应注意，70%以上的甲烷都是由乙酸转化来，因此，乙酸是产甲烷菌的主要原料。

总之，沼气池的原料被微生物分解最终形成沼气经过 3 个阶段：第一阶段，不产甲烷微生物中的发酵细菌产生胞外酶将纤维素、蛋白质、脂肪分解成简单有机物；第二阶段，不产甲烷微生物中的产氢产乙酸细菌将较高级的脂肪酸（丙酸、丁酸等）转化成乙酸、氢和二氧化碳；第三阶段，产甲烷细菌将第一、第二阶段形成的乙酸、氢、二氧化碳和甲酸等转化成沼气（甲烷、二氧化碳），如图 5-1 所示。

二、沼气发酵原料

沼气发酵原料是供给沼气微生物进行正常的生命活动所需的营养和能量，是不断地生产沼气的物质基础。自然界中沼气发酵原料非常丰富，几乎所有的有机物，如农村的农作物秸秆、各种青杂草，城镇的工业有机废物、垃圾、生活污水，湖泊、海洋中的水生植物（水葫芦、水浮莲、水花生和水草、藻类），人和各种畜禽的粪便，都可作为沼气发酵的原料。在我国，用于沼气生

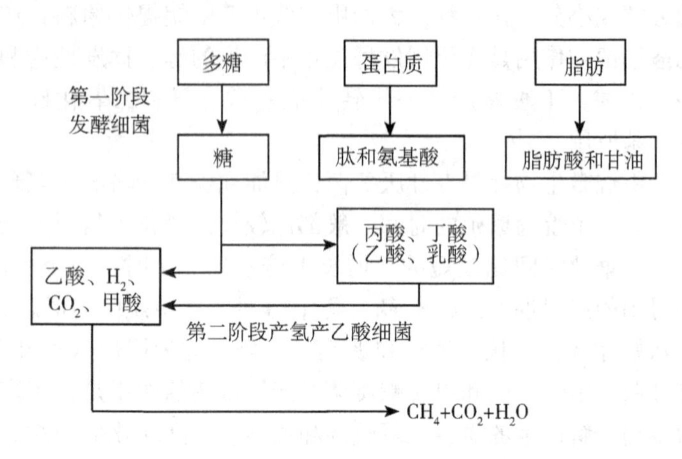

图 5-1　沼气发酵的 3 个阶段

产的有人畜禽粪便、作物秸秆、酒厂废醪、屠宰废水等。城市垃圾的利用尚处于研究之中，其他有机废水、废物和各种水域中的有机质尚有待开发。

我国的沼气发酵原料，就数量来讲也相当可观。仅以农作物秸秆为例，一年的生产量全国约 4.5 亿吨，若以一半作牲畜饲料和工业原料，一半作农村沼气发酵原料，以每千克固体原料产气率 0.2 立方米计算，一年可以生产沼气 3.6×10^{10} 立方米，8 亿农民人均 45 立方米，五口之家户均 225 立方米，可以解决 6~7 个月的生活燃料问题。再把人畜粪便作为沼气发酵原料，加上薪柴和其他能源，农村生活燃料问题就可以得到解决。

农村可以用作沼气发酵原料的品种虽然很多，但有的数量不多（如水浮莲等），有的采集花费劳力（如青杂草等），利用的经济价值不大，而便于利用的主要只有农作物秸秆和人畜粪便两类。秸秆类中，数量最多、最宜利用的是玉米秸、稻草、麦秆。特别是玉米秸，既不能用作工业造纸等的原料，一般也不用作牲

畜饲料，都被烧掉或弃置不用，因而最宜用作沼气发酵原料。粪便类中，最好利用的是猪粪、鸡粪和圈养牛羊的粪便。散放的牲畜（如牛、马、羊）和禽（如鸡、鸭），因粪便难收集，较难利用。

秸秆和粪便两类原料，因化学组成不同，在沼气发酵中所表现的特点也不相同。粪便类原料，氮素含量较高，称为富氮原料。这类原料的颗粒较细，又含有较多的低分子化合物，易于被沼气微生物发酵利用，因此，投料前不必进行预处理，投料后分解和产气速度较快，并且可以不加秸秆单独作为沼气发酵原料。秸秆类原料，因碳素含量较高，称为富碳原料。这类原料主要由木质素、纤维素、半纤维素、果胶和蜡质组成。因为蜡质层存在于秸秆表面，很不容易被沼气微生物所破坏，木质素又极难被沼气微生物分解利用，所以，秸秆类原料在投料前一般需要铡碎，并进行预处理，且投料后分解和产气速度较慢。一般来说，秸秆单独作为发酵原料投入沼气池内，不易启动产气，必须与粪便配合才行。这就是农村沼气池通常采用粪便和秸秆混合原料的原因。

第二节　沼气发酵技术

一、沼气的制取

沼气可以用人工制取。制取的方法是，将有机物质如人畜粪便、动植物遗体等投入到沼气发酵池中，经过多种微生物（称为沼气细菌）的作用即可得到沼气。

有人可能会问，沼气中为什么有能量存在呢？这是因为自然界的植物不断地吸收太阳辐射的能量，并利用叶绿素将二氧化碳和水经光合作用合成有机物质，从而把太阳能储备起来。人和动物吃了植物后，约有一半左右的能量又随粪便排泄出体外。因此，人畜粪便或动植物遗体的生物能经发酵后，就可转换成可燃烧的沼气。

人工制取沼气的关键，是创造一个适合于沼气细菌进行正常生命活动所需要的基本条件。因此，沼气的发酵必须是在专门的沼气池进行。为了生产更多的沼气，就必须对发酵进行有效的控制。为此，在制取沼气的过程中，应注意以下几方面的问题。

1. 严格密闭沼气池

沼气发群中起主要作用的微生物都是厌氧菌，只要有微量的氧气或氧化剂存在，都能阻碍发酵作用的正常进行。因此，密闭沼气池，杜绝氧气进入，是保证人工制取沼气成功的先决条件。

2. 选用合适的原料

一般来说，所有的有机物质，包括人畜粪便、作物秸秆、青草、含有机物质的垃圾、工业废水和污泥等都可作为制取沼气的原料。然而，不同的原料所产生的沼气量也不同。所以，应根据需要选用合适的原料。下表列出了各种原料所产生的沼气量。

表　各种原料所产生的沼气量及甲烷含量

原料名称	每吨干物质产生的沼气量（立方米）	甲烷含量（%）
猪粪	330	65
牛粪	280	59
马粪	310	60
牲畜厩肥	260~280	50~60
人粪	240	50
青草	290	70
干草	326	57
麦秸	340	68
稻草	400	70

（续表）

原料名称	每吨干物质产生的沼气量（立方米）	甲烷含量（%）
稻壳	230	62
杂树叶	160~220	59
马铃薯茎叶	370	60
酒厂废水	350~600	58
纸厂废水	600	70
废物污泥	640	50

实践表明，作物秸秆、干草等原料，产生的沼气虽然缓慢，但较持久；人畜粪水、青草等产气快但不持久。通常，是将两者合理搭配，以达到产气快而持久的目的。

在发酵的过程中，应经常搅拌发酵池中的发酵液，这可起到以下作用。

（1）使池内发酵原料与沼气细菌充分、均匀地接触，从而可使沼气细菌繁殖快，产气多。

（2）产生的沼气往往附着在发酵原料上，经过搅拌，可使小气泡聚积成大气泡，上升到储气间里。

（3）可以使上、下层产生的沼气都释放出来，进入储气间。

二、制取沼气的设备类型

1. 沼气池

制取沼气的基本设备是沼气发酵池（也称沼气池）（图5-2）。家用沼气池有固定拱盖水压式沼气池、大揭盖水压式沼气池、吊管式水压式沼气池、曲流布料水压式沼气池、顶返水水压式沼气池、分离浮罩式沼气池、半塑式沼气池、全塑式沼气池和罐式沼气池。

水压式沼气池的主要特点，可用“圆、小、浅”几个字来

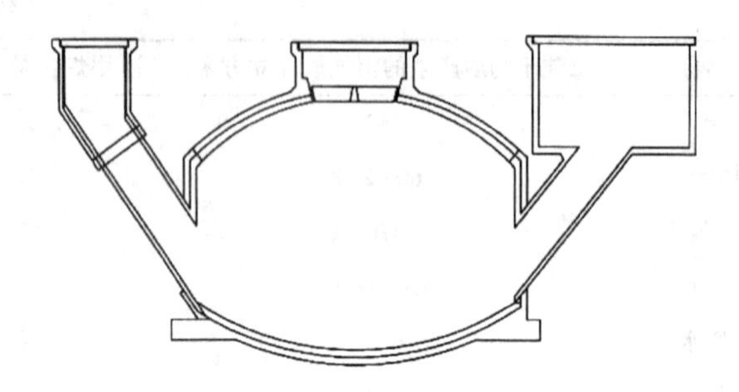

图 5-2　沼气池

概括。它用直管进料，盖为活动式，是一种适合我国农村推广使用的沼气发酵池。（图 5-3、图 5-4）这种发酵池的主池呈圆形，

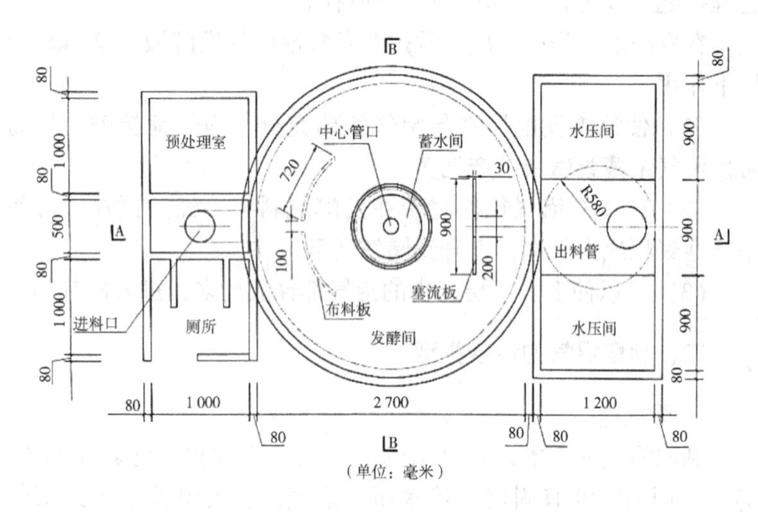

图 5-3　水压式沼气池平面

其容积可根据用户人口多少而定，通常为 4~10 立方米。池顶用泥土覆盖，既可保温，又可承受储气间内的气体压力。设置活动盖板（图 5-5）于储气室顶部，起着封闭活动盖口的作用。是为

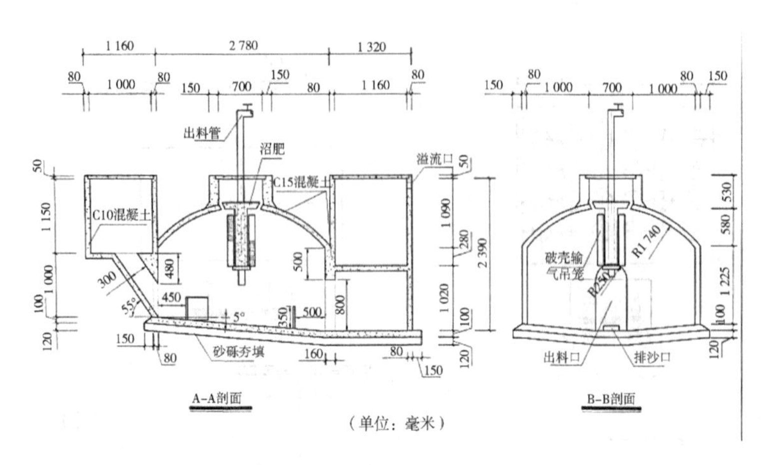

图 5-4　水压式沼气池剖面

了便于修池和清池时工作人员上下活动和通风排气之用，就相当于一个通道，当沼气池施工需要通风采光、维修需要进出及排除残存有害气体时，都必须通过活动盖口来完成。它的进料管是倾斜通向发酵池的。这样，一方面便于进料；另一方面可以从进料管中随时搅拌发酵液。当发酵池中产生大量沼气时，气体压力将发酵液压至出料间；使用沼气时，池内压力降低，出料间内的发酵液又流回至发酵池中。它的主要优点，一是结构简单，容易普及；二是建池材料如灰、沙、砖等可因地制宜取用，造价低廉；三是操作方便，人畜粪便可自动入池。当前，我国农村家庭所用的小沼气池中，绝大多数属于这种池型。

浮动气罩式沼气池与水压式沼气池的不同之处在于，它的浮动气罩是直接放在发酵液中的。当发酵池内产生沮气时，气罩便上升；使用沼气时，沼气由导气管排出，气罩下降。这种沼气池的优点是，能充分利用发酵池的容积，沼气的压力小而稳定，容易进行密封。另外，由于池和罩是互不相连的两部分，因而它不

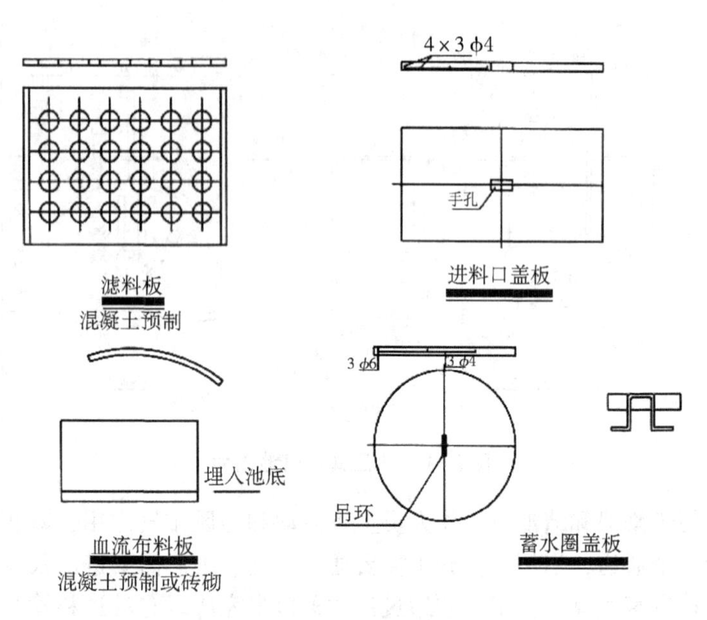

图 5-5 沼气池盖板

需要顶盖。这样，一般的粪池只要稍加改造，加上浮动气罩就可成为沼气池。但是，浮动气罩难以找到合适的制作材料，所以，这种沼气池现在还没有得到普遍使用。

塑料薄膜气袋式沼气池，是将发酵池与储气间（即塑料薄膜气袋）分开的。它的特点是结构简单，防漏要求低。发酵池中产生的沼气被引至气袋中储存。由于气袋内的压力较低，使用沼气时需要在气袋上加压将沼气驱出，因而使用不很方便。通常对于容积超过 20 立方米的气袋式沼气池，大都设置有小型抽风机，将沼气从气袋中抽出，然后喷进燃烧器具中使用。

2. 沼气管道

用户沼气管包括引入管和室内管。引人管是指从室外管网引

入专供一幢楼房或一个用户而敷设的管道。沼气输气管道常有两种安装方式：一种是架空或沿墙敷设，在南方地区常用；另一种是把管子埋在地下。在北方地区常用。架空或沿墙敷设方法比较简单，埋地敷设可以延长塑料管的寿命（图 5-6）。

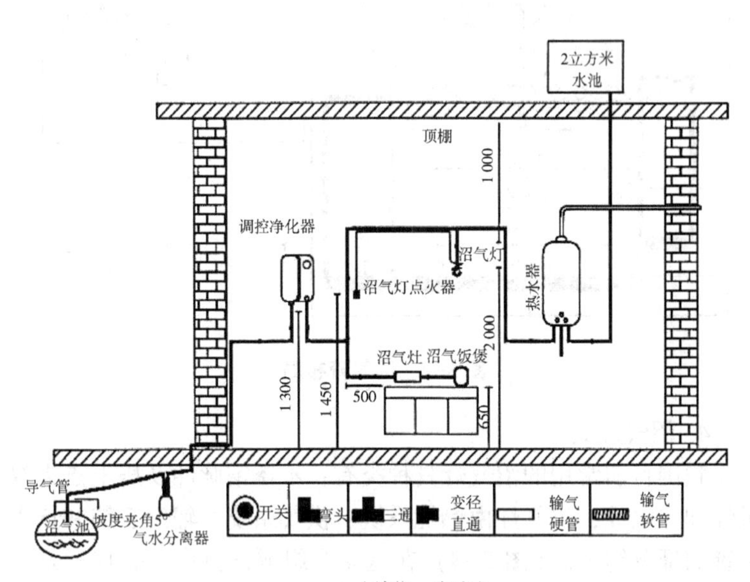

（单位：毫米）

图 5-6　沼气管道安装示意

3. 输气管大小

输气管的内径应根据沼气池型、沼气池到灶具的距离、沼气量的大小以及允许的管道压力损失来确定。塑料管有软管、硬管之分，安装方法也有所不同（图 5-7）。目前，大多数农户采用软管安装输气管道。但由于塑料管使用寿命长、输气畅通、压力损失小、气密性好而慢慢被大家所接受。

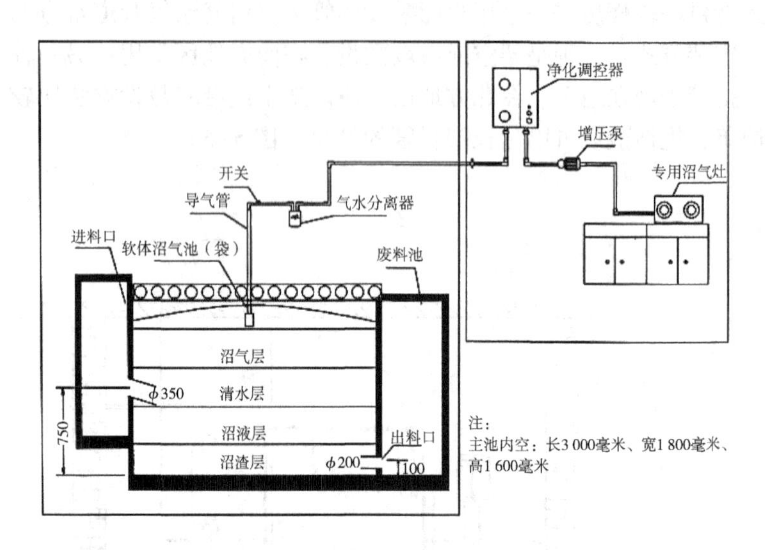

图 5-7　沼气管布局

4. 沼气灶具

我国目前常用的沼气灶具种类有：不锈钢脉冲及压电点火双眼灶和单眼灶，沼气灶由燃烧系统、供气系统、辅助系统和点火系统四部分组成。（图 5-8）在这 4 个组成部分中，燃烧器是最重要的部件，一般采用大气式燃烧器。燃烧器的头部一般为圆形火盖式。火控形式有圆形、梯形、方形、缝隙形等。供气系统包括沼气阀和输气管，沼气阀主要用于控制泪气通路的开与关，应经久耐用，密封性能可靠。辅助系统是指灶具的整体框架、灶面、锅支架等。简易锅支架一般采用 3 个支爪，可以 120°角上下翻动；较高级的双眼灶上配有整体支架，一面放平锅，一面放尖底锅。点火系统多配在高档灶具上，常用的点火器有压电陶瓷火花点火器和电脉冲点火器。

除上述几种沼气池外，目前在我国农村还推广使用一种红泥

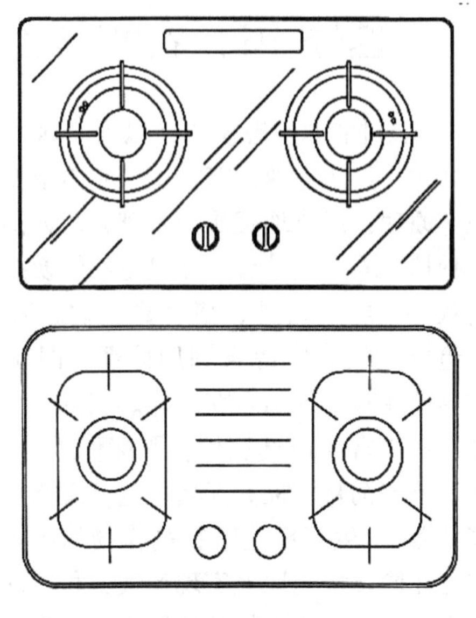

图 5-8　沼气灶

塑料沼气池。它分为全塑和半塑两类。全塑红泥塑料沼气池容易修建，只要挖一个坑，把红泥塑料膜放在坑内，投料后黏合，再引出导管，与炉具连接便可使用。出料时将黏合部分撕开即可，然后再黏合即可继续使用。这种沼气池的结构简单，使用维修方便，建造价格低，使用寿命长，因而使用比较广泛。建造半塑沼气池也比较简单、方便，可用沙和水泥修一个地下水泥池，向池中投料后，上部用红泥塑料膜罩上，池子外围边缘用水封即可。值得提出的是，红泥塑料沼气池还有一个独特的特点，即它能吸收太阳辐射能给池内加温，从而使池内温度较高，发酵快，产气多。

城镇、工厂修建沼气池，应以大、中型的机械化和中高温发酵为主，用来处理城镇生活污水和工厂有机废水。

第三节　“四位一体”农村能源生态模式

“四位一体”农村能源生态模式（以下简称“生态模式”），是一种高产、高效、优质农业生产模式。它是依据生态学、生物学、系统工程学原理，以土地资源为基础，以太阳能为动力，以沼气为纽带，种植、养殖相结合，通过生物转换技术，在农户土地上、全封闭状态下将沼气池、猪（禽）舍、厕所、日光温室连接在一起，组成“模式”综合利用体系，即在庭院里、温室内将种植业和养殖业有机地结合在一起。它可以解决北方地区沼气池安全越冬，使之常年产气利用，既能促进生猪的生长发育、缩短育肥时间、节省饲料、提高养猪效益，又能为温室作物提供充足的无公害肥源。“生态模式”提高作物的产量和品质，增加农户收入。它是在同一块土地上实现产气、积肥同步，种植、养殖、产业化并举，建立一个生物种群较多、食物链结构健全、能流和物流较快循环的能源生态系统工程，成为“两高一优”农业、促进农村经济发展、改善生态环境、提高人民生活质量的一项重要技术措施。目前看，搞“生态模式”可使农户种菜、养猪收入达 1 万元以上。

一、具体形式

在一个 150 平方米塑膜日光温室的一侧，建一个 8~10 立方米的地下沼气池，其上建一个约 20 平方米的猪舍和一个厕所，形成一个封闭状态下的能源生态系统。主要的技术特点如下。

（1）圈舍的温度在冬天提高了 3~5℃，为猪等禽畜提供了适宜的生产条件，使猪的生长期从 10~12 个月下降到 5~6 个月。由于饲养量的增加，又为沼气池提供了充足的原料。

（2）猪舍下的沼气池由于得到了太阳热能而增温，解决了

北方地区在寒冷冬季的产气技术难题。

（3）猪呼出大量的 CO_2，使日光温室内的 CO_2浓度提高了 4~5 倍，大大改善了温室内蔬菜等农作物的生长条件，蔬菜产量可增加，质量也明显提高，成为一类绿色无污染的农产品。

二、“生态模式”工程设计应遵循的原则

1. 日光温室的选择

（1）位置选择。“生态模式”工程可选择在农户的房前屋后、场地宽敞、背风向阳、没有树木和高大建筑物遮光的地方修建。温室设计应坐北朝南，东西延长。如果受限可偏西或偏东布置，但偏角不得超过 15°。如在屋后建，模式工程（即大棚）的前脚到房屋后墙的距离，要超过屋脊高度的 2.5 倍。

（2）面积、体积。温室面积可依据庭院大小而定，通常面积为 200~300 平方米。在温室的一端建 15~30 平方米猪舍和厕所，在猪舍下面建 6~10 立方米池作为沼气池。有条件的户可将豆腐房或小酒厂建在棚内。庭院东西长度较短的农户，猪舍可建在温室的北侧（即后位式）。

2. 日光温室的设计与施工要点

（1）骨架、墙体。“生态模式”工程中的日光温室建筑材料采用竹木或金属做大棚骨架，土垒或砖砌夹心保温围墙，采光面采用无滴塑料棚膜，依靠太阳光热来维持室内一定温度，以满足作物蔬菜生长需要。

（2）荷载。日光温室设计要求结构合理，光照充足，保温效果好，抗风雨，抗雪压。温室内骨架设计主要应考虑抗压、稳定和少遮光，应在一定荷载下不变形。设计荷载标准如下。

固定荷载　≥10 千克/平方米

雪荷载　≥25 千克/平方米（相应雪厚 20 厘米）

风荷载　≥30 千克/平方米（相应风速 17~22 米/秒）

（3）跨度、角度。为保证采光性能好，辐射面大，温室跨度一般应采用 6.5~7.0 米。为加强保温效果，后坡高度应适当加大，后坡水平投影与总跨度之比值一般为 0.20~0.25。

（4）高度。温室高度的确定，日光温室中柱高度一般应设计为 2.6~3.2 米，后墙高度一般为 1.8~2.4 米。为了便于在棚内人工操作，棚内距离南侧 0.5 米处棚面弧线矢高不应低于 0.7 米。

（5）保温。日光温室的保温与采光设计具有同等地位，是日光温室成败的关键因素之一。原则上一般应与该地区冬季冻土层深度呈正比。

（6）盖被。日光温室盖层一般为塑料棚膜，它在夜间成为对外的主散热面，占总耗热的 70%以上。为此，应特别重视棚内夜间保温。夜间保温春秋季可采用草苫子，冬季要采用棉被。草苫子的重量每平方米不应少于 4.5 千克，棉被厚度不能低于 3 厘米。

三、经济效益

目前，沼气是农村最具发展潜力的清洁能源，主要是其材料特别广泛，就是随地取材，现在农村的秸秆和牲畜的粪便往往是被乱放、乱扔，不仅导致资源的极大浪费，同时，也造成了环境的污染。这是农村目前的一大通病。所以，对于合理的利用这些被放错地方的材料是一种极大的资源从新利用，也有利于地方环境的各方面。这是一种一举多得的好方法。

对于沼气目前的发展现状来说，我国的沼气技术是比较成熟的。我国在沼气的制成、生产、传送、发电等方面已经具备很高的技术水平。

沼气池经济效益分析：以商丘市梁园区 2016 年农村建设沼气工程为例。池为 10 立方米的沼气池，遵循“三结合”原则，

即圈舍、沼气池、厕所相互连通，使得人畜粪便直接入池，常年发酵，全年运行。产气量与发酵温度有关，梁园区处于淮河以北地区全年平均温度适中，产气量约达375立方米。

建池总投资按1 850元计算；沙子3立方米，石子3立方米，水泥22袋，10个工时费，沼气用具200元，共计投资1 000元左右。一个施工队按月建池25个计算，其收入为：

1 850×25＝46 250元，46 250－（25×1 000）＝21 250元（含工时费）。一个农户建一个10立方米沼气池（1 852元），我们按一个标准四口之家计算：

每年做饭，取暖，需要煤炭3～3.5吨，年投资1 500元，照明年需（300千瓦）150元。不计算综合利用，年节约成本1 650元。

可见，沼气的利用效益可观，况且这是一种非常清洁的能源，应该在材料来源广阔的农村作为推广沼气的最佳地点。

另外，HBY生物质高效发酵技术成果采用科学的配料，特殊接种办法。中温37℃，在浓度20%～10%的情况下只用秸秆发酵出气，能使2千克秸秆出1.1立方米沼气，降解率达90%以上，出气量比外界技术大7～10倍。

加之该成果还采用“地上沼气池”技术，能连续投料和出料，不用大换料，好护理。因出气量大效益高，所以，建池面积和基础投资都缩小了10倍左右。从造价上，护理上，效益上人们很容易接受。

再采用集中供气后真正做到了方便，干净，省时省力和高效益，与用液化气比每户一年可节省近千元，因此，非常利于秸秆沼气的产业化和商业化从而大规模推广。而且当人们普遍认识到沼渣的肥效和把沼气分离成天然气和二氧化碳后这一成果的成本会更小，经效益会更高。

地球每年经光合作用产生的干物质有1 730亿吨，能量相当于全世界总耗量的10~20倍。目前只利用了1%~3%。植物生物质能源是一个巨大的太阳能仓库，开发利用生物质能源就是开发利用太阳能，且取之不尽，用之不竭。植物生物质是世界上唯一可预测的能为人类提供物质和燃料的可持续发展资源。我们的成果能使每方沼气仅合0.6~0.8元，提纯成天然气后，每方天然气合1元多，再把分离出去的二氧化碳卖掉后，等于1立方米天然气仅合0.3~0.7元，沼气提纯天然气技术十分成熟。而且该成果能使天然气的成本大幅度下降到每立方米成本0.5~0.9元。按我国每年可产生能利用的秸秆总量6亿吨计算。它所能制取的沼气再提纯成天然气后，一年的产气量足够西气东输工程200年的供气量。此成果的重要性就在于只用这取之不尽，用之不竭的植物干物质就能出气，并且出气量和经济效益提高了10倍左右。因此，秸秆沼气的大规模应用和建设有了根本的希望和无限光明的前途。大量的剩余沼渣还可彻底改变我国土地因施肥而产生的土壤板结，有机物含量下降，酸碱不平衡的困境，人民健康水平也会得到很大的提高，从而国富民强。由此看来沼气作为一种高效率的替换剂是中国乃是世界的一种最便捷的能源取向。

四、生态效益

沼气池属于绿色能源，具有高燃烧效率、无污染的特点。户用型沼气池的发展有利于保护生态环境。使用沼气一定程度上解决了农民的燃料问题，有效缓解农村能源紧缺的局面，减少森林树木的砍伐，有利于保护林草资源，促进植树造林的发展，减少水土流失，改善农业生态环境。除此之外，有研究表明，用沼液浸种，可以提高种子发芽率和成苗率，增强作物的抗逆能力，减少农药化肥的使用，促使农业生产向绿色、安全、无公害方向发展，形成良好的社会生态环境。

第六章　农村水环境问题

第一节　农村饮用水安全

农村饮用水安全现状，从工业污染、农业面源污染、生活污染等方面分析了农村饮用水安全的影响因素，并针对性地提出多项保障农村饮用水安全的对策与建议，以进一步加强农村饮用水安全。

一、农村饮用水安全现状

农村饮用水安全问题，事关农民群众身体健康和生命安全，事关农村经济社会可持续发展。我国农村安全饮水普及率大致为东部70%，中部40%，西部不到40%，农村饮水安全形势仍十分严峻。农村饮用水主要来源于河水、井水、泉水等，基本不采取净化措施就直接饮用或烧开饮用。调查结果表明，到2004年年底，全国尚有3.23亿农村人口存在饮水不安全问题，其中，各类饮水水质不安全的有2.27亿人，水量不足、取水不方便及供水保证率低的近9 600万人。在2.27亿水质不安全人口中，饮用水氟、砷含量超标的有5 370万人，饮用苦咸水的有3 850万人，地表或地下饮用水源被严重污染的涉及9 080万人，饮用水中铁锰等超标的有4 410万人。

二、农村饮用水安全的影响因素

（一）工业污染

过去饮用水水质超标大多表现在感观和细菌学指标方面，现在由于工业污染，饮用水水质则是越来越多的化学甚至毒理学指标超标，直接饮用地表水或浅层地下水的农村居民饮水质量和卫生状况难以保障。一些农村靠近工业区，工厂排放的废水经过多种途径直接进入村民饮用水源，工厂废气中的有害物质通过降水、直接沉降等多种方式也进入到饮用水源。

（二）农业面源污染

面源污染是指在农民生活与农业生产过程中，由于不合理使用农药化肥等化学投入品以及人畜粪便和垃圾随意排放，使氮和磷等营养物质、农药及其他有机或无机污染物质，通过地表径流或农田渗漏，造成对江、河、湖泊等水体污染。农业面源污染具有影响范围大、因素多、方式复杂、强度难以定量评估等特点。

（三）高氟水、高砷水、苦咸水

我国饮用高氟水的人口主要分布在华北、华东、东北及西北地区的部分省（自治区），长期饮用高氟水，会产生地方性氟中毒，包括氟斑牙和氟骨症等，直接威胁到人民群众的身体健康。饮用高砷水的人口主要分布在内蒙古、湖南、江西、吉林等省（自治区），饮用高砷水不仅损害近期人体健康，尤为严重的是，会引起人体长期恶性化改变，如癌变、突变和畸变。农村饮用苦咸水的人口主要分布在华北、西北、华东等地区，长期饮用苦咸水会引起高血压、心血管等方面的疾病。

（四）供水方式落后，水质监测不力

据初步统计，全国 9 亿多村镇居民的自来水普及率约为 40%，其中，镇区约 50%，村庄仅 30%左右。农村地区集中供水率低，大部分地区都是直接从河道、坑塘、山泉、水库、浅层地

下水取水，供水设施简单，几乎无净水处理设施，饮水工程建设标准低，管理设施不完善，造成饮用水中细菌学指标污染物、有害矿物成分超标等严重问题。农村饮用水源水质监测还基本处于空白状态，存在底数不清、监测力量严重不足的问题。

三、保障农村饮用水安全的对策及建议

（一）提高思想认识，加强组织领导

切实做好饮用水安全保障工作，是维护最广大人民群众根本利益、落实科学发展观的基本要求，是实现全面建设小康社会目标、构建社会主义和谐社会的重要内容，是把以人为本真正落到实处的一项紧迫任务。各级政府部门都要高度重视农村饮用水安全问题，切实加强组织领导，把农村饮用水安全问题纳入领导干部政绩考核内容，实行目标管理。

（二）加快产业结构调整，加强农村水源保护

转变粗放型的经济增长方式，切实加强对农村水污染的防治，保护好农村饮用水源。在严格控制点污染源和全面治理的同时，必须加强面源污染的治理力度，走生态农业的发展道路。应充分考虑农村区域特点，实行农资、农技一体化，推广高浓度的复合肥及作物专用配方肥，运用科学施肥技术及优化耕作制度，减少氮肥施用量。严禁使用高毒、高残留农药，推广生态养殖，推进畜禽粪便和农作物秸秆的资源化利用，有效防治来自农村与农业生产的面源污染。

（三）加大农村饮用水工程建设力度

进一步加大解决农村饮用水安全问题的工作力度，采取集中供水、分质供水、分散供水以及农村卫生环境整治等工程措施，重点解决高氟、高砷、苦咸和污染水以及严重缺水地区的饮用水安全问题。继续加大农村饮用水工程建设投资，加大对中西部地区重点扶持。地方各级人民政府要积极筹措资金，加大投入力

度。东部较发达地区要率先解决农村饮用水安全问题，有条件的地方尽早实现城乡统筹供水。要强化农村饮用水工程项目管理，切实做好前期工作，并严格按照规划要求和建设程序实施。要建立良性循环的供水管理体制和运行机制，确保工程项目充分发挥效益。

（四）建立有效的水质监测体系

完善农村饮用水安全监测体系，加强对农村饮用水源的环境管理。对广大农村地区，要摸清未达到饮水卫生标准的人口情况、饮用水质状况和地区分布，制定农村饮水安全工程重点建设和实施方案。重点开展对人口较为集中的大型村镇饮用水源地的监测工作。对集中式供水工程，要加强水源、出厂水和管网末梢水的水质检验和监测。

第二节　污水灌溉与农业生产

水体污染，是指由污染源排入水体的污染物超过水体的自净能力，使水体的物理、化学性质或生物群落组成发生变化，从而降低或破坏了水体的使用价值，使水体丧失原有功能的现象。

水体污染大致可分为自然污染和人为污染两方面。自然污染指自然界所释放的物质给水体造成的污染，如温泉将某些盐类、重金属带入地表水，天然植物腐烂使有害物质影响水质等。人为污染指由于人类活动产生的水体污染。人类活动造成水体污染的污染物来源主要是工业废水、生活污水和农业污水。通常所说的水体污染问题多数不是指由自然因素所引起的水体污染，而是指由于人类的生产和生活活动，把大量废水和废物排入水体，使水质变坏，降低或破坏了水体原有使用价值，使水体丧失原有功能的现象。

水体具有一定的自净能力，水体自净的过程按其机理可分

为：物理过程、化学和物理化学过程、生物学和生物化学过程，水体中的污染物在这一系列的作用下，其浓度得以降低。其中，物理过程包括稀释、扩散、挥发、沉降等过程，稀释和扩散作用是水环境中极普遍的现象，它在水体自净中起着重要的作用；化学和物理化学过程包括氧化、还原、中和、吸附、凝集等，使水体污染物浓度降低；生物学和生物化学过程主要是指水体污染物由于水生生物（主要是微生物）吸收、分解、氧化等代谢过程而使其浓度降低，也包括由于环境的变化而使寄生虫、病原微生物逐渐死亡。

农业是用水大户，占总用水量的60%～70%。在中国，灌溉农业用水占总用水量的70%以上，随着社会发展、城市化进程加快和人口增加，水资源供需矛盾会更加尖锐。污水灌溉应用于农业将成为缓解水资源供需矛盾的重要方面。污水回用于农田灌溉具有很大的潜力，但容易造成重金属累积以及病原微生物污染的健康风险，而且灌溉土壤一旦被污染将难以治理，也会带来一系列的水土环境、生态安全等问题。因此，在当今建设资源节约型、环境友好型社会的形式下，不得不重新审视污水处理水灌溉这一问题。

一、我国污水灌溉现状

我国自1957年开始污水灌溉试验工作，北京、天津、西安、抚顺、石家庄等城市先后开辟了大型污水灌区。随着废污水排放量日益增多以及农业用水日渐紧张，许多大、中城市近郊和工矿区附近的农田越来越多地利用污水灌溉。据统计，1963年全国污水灌溉面积仅有4.2万公顷，1978年为33.3万公顷，到1980年猛增到133.3万公顷，到20世纪90年代初已经达到300万公顷。据全国第二次污水灌区环境质量状况普查统计，目前我国利用污水灌溉的农田面积为361.84万公顷，占我国总灌溉面积的

7.33%，约占地表水灌溉面积的10%。污水灌溉面积中，直接引用工业城市下水道污水的面积为51.2万公顷。其中，大部分灌区灌溉的废污水（特别是来自乡镇企业）未经处理即直接利用，造成了部分农田严重污染，对土壤生态环境构成了威胁。

农产品中污染物含量超过卫生标准或引起减产1成以上为明显污染。资料表明，我国37个主要污灌区中有明显污染点22个，其中，多半是积累性重金属超标。根据农牧渔业部调查，目前受重金属污染的农田面积达90.6万公顷，其中，以重金属镉（Cd）和汞（Hg）的污染最突出。

污水灌溉的农田主要集中在水资源严重短缺的海河、辽河、黄河、淮河四大流域，约占全国污水灌溉面积的85%。大型污水灌区有北京市污灌区、天津市武宝宁污灌区、辽宁省沈抚污灌区、山西省惠明污灌区及新疆维吾尔自治区石河子污灌区。污水灌区占耕地面积的比例虽然不大，但往往是我国人口密度最大的地区，是粮食、蔬菜、水果等农产品的主产区。

二、污水灌溉的效益

在科学指导下合理开展污水灌溉，可从总体上提高我国农业水资源的利用效率，是缓解水资源短缺和消除污染的有效途径。

（1）缓解缺水压力。我国农业每年缺水达300亿立方米，20世纪90年代因缺水造成的粮食减产达250亿~400亿千克。随着我国人口的不断增长和工农业的发展，废水的排放量越来越大。据有关部门统计，2002年全国工业和城镇生活废水排放总量达439.5亿吨，这些污水大部分得不到有效处理。如果能将污水予以合理的利用将能够缓解农业缺水状况，同时，节省的水资源又可以转而用于工业和生活。

（2）减轻污染物对环境的污染。污水中的污染物往往包括大量有机物和氮、磷等营养元素。由于土壤含有大量微生物以及

土壤的理化结构，有机物在其中可以得到降解吸附，氮、磷等营养元素可以被植物吸收，减少了排放到水体中的污染物，同时，由于用于污灌的污水处理程度可以低一些。能够降低污水的处理费用。

（3）给农作物提供养分，能够增产增收。全国每年的污水排放量为4 164立方米。根据统计，污水灌溉旱田一般情况下可增产50%～150%，水稻可增产30% ～50%，水生蔬菜可增产50%～300%。废污水中一般含有大量的有机物，以蛋白质、碳水化合物、脂肪、尿素、氨氮、氮、磷、钾等为多，废污水中还含有钙、镁、锰、铜、锌、钼等多种微量元素。将污水用于农业灌溉将会提高粮食的产量。胡宏友等专家将城市生活污水用自来水稀释后灌溉凤仙花，发现与用自来水灌溉相比，土壤中的铵态氮、硝态氮和速效磷含量都有所提高，土壤中酶的活性也得到提高。

（4）节约肥料。污水中含有作物生长所需要的氮、磷、钾等营养元素，其合理使用减少了肥料的施用量，并能提高土壤肥力，改善土壤结构。

三、污水灌溉的不良影响

随着污水灌溉面积的扩大，污灌所带来的问题也日显突出，对环境已经产生了一些负面影响。一般来说土壤都具有一定的自净能力，有机物对土壤的污染在一定时期内都可被降解。但是这种自净能力是有限的，长期大量的污灌势必会造成污染物的积累，尤其是重金属的积累。

1. 重金属污染

资料显示，辽宁省几个污灌区已经出现了不同程度的土壤重金属污染情况。例如，鞍山市宋三污灌区的土壤监测结果显示（1989—2003 年）：土壤中镉、汞的样本超标率分别为 40%和

3.3%，较之1989年的污染有加重趋势。从污染累积指数看，土壤中镉、汞的富集效应相当明显。而沈阳市张士灌区利用沈阳西部工业区排放的污水灌溉农田已有近40年的历史，灌溉面积2 800公顷，经监测灌区内细河河床铅沉积约143.2吨，镉沉积约22.7吨，污染状况严重，实施修复性治理已经迫在眉睫。

2. 对农业的影响

污水中的有害物质被作物吸收并残留在作物体内，会使作物品质有不同程度的下降；另外，污水中的有机物分解时需要消耗大量氧气并释放热量，从而导致作物根部因缺氧或沤根而死亡，造成作物减产。另一问题是污水的矿化度高，容易造成土壤盐渍化。

3. 污染地下水

污染物经土壤渗入地下水会直接危及饮水安全，有的还可形成污灌反漏斗对深层地下水形成威胁。刘凌等在徐州用奎河水进行舍氮污水灌溉试验研究，发现污水灌溉对地下水中硝酸根离子浓度影响较大，尤其是长期进行污灌的土壤，易造成地下水中硝酸根离子的污染，而硝酸根离子反硝化产生的亚硝酸根离子是致癌物质。

4. 对健康的影响

污水灌溉对人体健康的影响通过3条途径：一是污水灌溉造成土壤污染进而污染农作物，受污染的农作物再通过食物链进入人体内累积衍生，使人患上多种慢性疾病；二是污水灌溉导致地下水或河水污染，人食用受污染的水及其水产品会产生疾病，如日本的“水俣病”就与水污染有关；三是用污水灌溉时，会产生硫化氢等有害气体，污水中还携带病菌和寄生虫等，这会对周围环境产生直接影响，如在很多污灌区周围的生活区都有流行病的发生。污水灌溉所造成的一系列有害影响，很大一部分是由于目前污水处理理论和技术体系不够完善以及监控、管理体系严重

滞后造成的。

四、污水灌溉的主要技术措施

1. 要合理选择灌溉对象

植物不同的器官对污染物的吸收累积程度也不同．一般呈现根、茎、叶、籽粒、果实依次递减的规律。因此，食用根、茎、叶的作物不宜污灌，高粱、玉米等高秆植物与低秆植物相比不易受污染，非食用目的的植物如棉花、林木较适宜污灌，但污水回用于城市园林植物至少要经过二级处理。因各地二级污水来源不同，水质复杂以及不同植物对环境的耐受能力不同，所以，二级污水回用于城市园林植物要有选择地使用。如对草坪草、灌木、乔木可以利用，而某些对水质较为敏感的花卉，如万寿菊等，则要慎重使用。绿色食品不宜污灌，中药材更应杜绝污灌。

2. 要制定合理的灌溉制度

食用果实的作物在生殖生长阶段不宜污灌。这个阶段作物生长旺盛，果实吸收养分多，吸收的重金属等污染物也多。如小麦在灌浆期应杜绝污灌。根据现有的污灌经验，利用污水灌溉的优先顺序依次为：播前灌，非苗期，苗期。气温低时优于气温高时。有条件的地方应实行清污混灌或轮灌，防止灌水量过大引起污水大量渗漏污染地下水。大水漫灌是不科学的，应发展滴灌。而喷灌易使病菌和污染物扩散入空气中，也不宜采用。

3. 要考虑污水的种类和土壤、地质条件

不是任何种类的污水都可以用来灌溉的。不可用作灌溉的污水有医药、生物制品、化学试剂、农药、石油炼制、焦化和有机化工等行业排放的污水。喀斯特地区或活动含水层低的沙地就不宜污水灌溉，因为在这类土壤和地质条件的地区进行污水灌溉，污水容易渗漏会污染地下水。

综上所述，污水灌溉有明显的益处，也有必须慎重对待的风险。我国水资源相对缺乏决定了污水灌溉是现实的选择。应当采取科学、系统的政策和技术措施，趋利避害，既实现经济效益又不以破坏环境为代价。

第三节　农村生活污水处理技术

水资源短缺和水污染严重制约着我国国民经济的健康持续发展，基础设施滞后和管理水平低下抑制了农村地区居民生活质量的改善和提高，农村地区的水环境治理应成为我国环境综合治理的重要组成部分。

我国农村人口数量庞大，生活污水排放量较大，由于得不到有效处理，因而对环境造成一定的破坏。由于污水处理资金投入不足，农民环保意识不够，大部分村庄没有污水处理设备，生活污水直接排放到环境中，严重地影响了农村的生态环境，农民的饮水安全不能得到保证。我国农村水污染的治理工作应首先从人口集中且经济较发达的地区开始。经济发达地区一般人口较为密集、污染较为严重，同时，居民也有经济实力建设污水处理工程，污水治理工作易于推广、见效快且环境和社会效益显著。通过同步的给排水管网等基础设施的建设，加速农村城镇化步伐，促进农村居民生活水平的提高。通过示范作用以及工程建设和管理经验的积累，为其他地区污水治理工作的推广奠定基础。

一、农村生活污水处理现状

随着农村生活水平的不断提高，农村生活污水的排放量也逐渐增加，农村的生态环境遭到了严重的破坏，对农民的身体健康造成了很大的威胁，农村的环境令人担忧。调查报告显示，我国大部分村庄的排水设备缺乏，不经过处理而直接排放污水。89%的村庄的生活垃圾直接丢弃在住房前后、村内的池塘中，而且村

里没有人对垃圾进行处置。生活污水的任意排放，不仅对河流、池塘造成破坏，而且污染了村民的生存环境，严重影响了村民的身体健康。

农村生活污水主要包括洗浴、厨房、冲厕以及农民养殖牲畜的粪便水。农村的污水处理率不高，污水分散分布，水量排放没有规则，污水中的有机物含量高，重金属等有害物质的含量不高。农村人口居住的较为分散，但是由于居民有很相似的生活规律，这就造成农村生活污水的排放流量白天要比早晚的少，夜间的排水量不大，数量变化较大。

二、我国农村污水处理存在的问题

造成农村污水问题日益严重的原因，是诸多因素共同的影响。下面分别从以下 3 个方面分别论述，即防治污水的意识淡薄、管理污水处理的条例缺失和处理污水问题的资金不足。

1. 意识的淡薄

关于农村污水处理问题中的意识淡薄问题，包括 2 个方面，一是村民对预防污水污染问题的意识淡薄；二是政府对治理污水问题的意识淡薄。村民意识的淡薄表现在将厕所处理污水、生活污水等随意排放在地面上，而没有通过专门处理的管道排放到固定的地点，当然这与设施的不齐备密切相关，但从调查的结果来看，村民在对于污水处理的概念很浅，甚至不认为污水应该处理后再排放，因为他们多年来的处理方式就是直接将污水排放在地面上，没有预防污水污染的意识。政府治理农村污水意识淡薄表现在，始终没有真正将制定的相关条例执行到每个农村点，甚至没有完善执行这种条例的思想，将农村污水污染问题一拖再拖，使污水污染问题越发严重。

2. 管理的缺失

目前，国家只重视编制城镇总体建设规划，忽视了与土地、

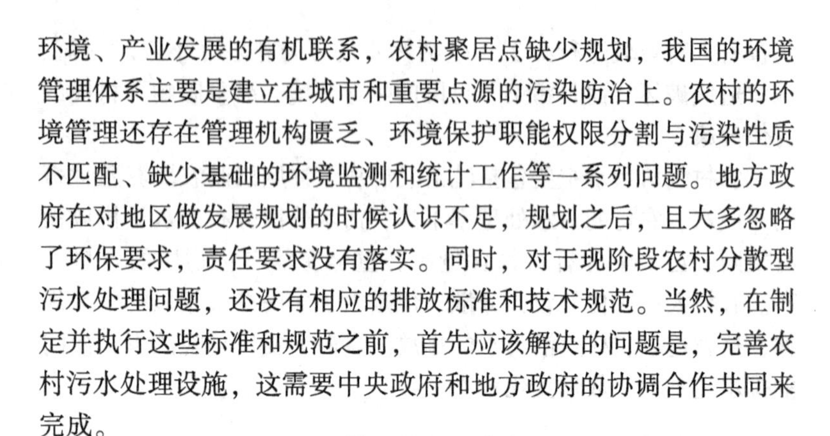
环境、产业发展的有机联系，农村聚居点缺少规划，我国的环境管理体系主要是建立在城市和重要点源的污染防治上。农村的环境管理还存在管理机构匮乏、环境保护职能权限分割与污染性质不匹配、缺少基础的环境监测和统计工作等一系列问题。地方政府在对地区做发展规划的时候认识不足，规划之后，且大多忽略了环保要求，责任要求没有落实。同时，对于现阶段农村分散型污水处理问题，还没有相应的排放标准和技术规范。当然，在制定并执行这些标准和规范之前，首先应该解决的问题是，完善农村污水处理设施，这需要中央政府和地方政府的协调合作共同来完成。

3. 资金的不足

农村环保基础设施的建设滞后，其主要原因在于我国经济水平的相对落后，且将大部分注意力放在了城市化的进程上。大多数地区的乡镇政府难以承受建设及运行费用，而污水处理作为一项公益事业需要大量的资金投入，没有足够的资金就不能保证环保所需的必备设施，污水的处理自然不能够行动。从产业经济学角度分析，农村地区所采用的分散型污水处理规模小，难以市场化，对企业及社会资金缺少吸引力，急需相关政策的支持。

三、我国农村污水处理的模式和思考

我国地域发展不平衡，农村居住方式和生活习惯差别大，污水处理方式不能过于单一，而是应该根据农村的具体现状，采取的污水处理方式也要因地制宜。目前我国农村污水处理的模式主要有 2 种：集中处理模式和分散处理模式。

1. 集中处理模式

在农户相对集中、地势有一定落差的地区，可以借助地势优势，将各户产生的生活污水经隔栅井收集汇流，然后经过地埋式厌氧净化沼气池进行处理。充分利用周围的废塘、洼地，采用生

态塘处理系统和湿地处理系统，减少土地占用，节省投资。分散处理模式的处理方法主要是化粪池法、稳定塘法和人工湿地法。

化粪池的功能是接收、贮存家庭生活污水并进行处理。池内分为漂浮层、淤泥层和中间清水层 3 个区域，能截留生活污水中的杂质、减轻污水厂处理的负担。沉淀下来的污泥经过厌氧分解和酸性发酵脱水熟化后能转化为稳定状态的肥料。稳定塘是利用地形建造的空间，可减少维护费用，但处理效果受到气候的限制，普及难度大。人工湿地是人工建造的、可控制的和工程化的湿地系统，这是一种新兴的生态处理法，可以处理氮磷含量较高的污水，主要有潜流人工湿地和表面流人工湿地 2 种。人工湿地的缺点是土地需求量大，并受到气温和植物生长季节的影响。

2. 分散处理模式

污水的分散处理模式，是对源于单独的住户和独立的社区及污水产生点的污水，进行收集、处理、排放的处理模式。针对多数农村地区布局分散的现状，先进的污水处理技术难以应用、经济力量薄弱又缺乏专业人员，因此，适合采取因地制宜、运行费用低、便于维护的分散式污水处理方式。其中，主要的分散处理方法是生物膜法。

生物膜法分 4 种，分别是生物滤池、生物接触氧化、生物转盘和生物流化床，是分散生活污水处理的一项主要的人工处理技术，包括厌氧和好氧 2 种生物膜。污水处理的原理是微生物厌氧或好氧附着在载体表面，形成生物膜并吸附、降解污染物，达到净化的目的。该方法的优点是设备简单、成本低、效率高。

3. 关于污水处理的思考

考虑到我国广大农村地区的经济比较薄弱，科学合理地利用农村地区的天然净化功能是治理污染的可取措施。积极推广生活污水湿地处理模式，充分利用农村水田等的自净能力，开展清淤清洁的生态系统建设。对化粪池建设比较完善的村庄，可以增添污水净化设施，根据具体状况进行集中或分散处理。对于传统农业地区，则应在确保不污染饮用水源的前提下，进行简单的垃圾集中填埋以及污水的汇集排放。

另外，在发展污水处理技术的同时，要不断完善管理体制，从中央到地方的相关部门要协作交流，共同确定当地的污水污染状况，并制定有效处理措施。拓宽融资渠道，是处理农村生活污水建设费缺乏的主要途径，这要求政府建立专项资金，从单纯靠财政性资金向多元投资、融资还贷、多方合作方式转变。解决了资金缺乏问题，配合完善的管理体制和先进的处理技术，我国农村污水处理问题定能迎刃而解。

总之，目前农村生活污水任意排放，造成流域等水体污染，同时，农村经济发展赶不上城镇，地区特点突出等，因此，新农村污水处理系统建设迫切需要经济、高效、自动化高的一体化处理系统，以适应我国农村污水的多样性等。在选择工艺时，要结合当地实际情况，如水质、水温、经济发展水平等因素，综合考虑确定具体工艺。

第七章　农田土壤污染及防治

第一节　土壤主要污染物类型及来源

根据造成土壤污染的来源不同，可将土壤污染分为 3 种类型。

一、工业污染源

在工业废水、废气和废渣中，都含有多种污染物，其浓度一般较高，一旦侵入农田，即可在短期内对土壤和作物产生危害。大气污染物通过干、湿沉降所造成的土壤污染。如大气中的二氧化硫、氮氧化物和颗粒物等有害物质，在大气中发生反应形成酸雨，通过沉降和降水而降落到地面，引起土壤酸化。酸雨严重地区所出现的土壤酸化。冶金工业排放的金属氧化物粉尘，则在重力作用下以降尘形式进入土壤，形成以排污工厂为中心、半径为 2~3 千米范围的点状污染。其中，对土壤影响较大的污染物如下。

1. 有毒有机物

有毒有机物包括苯、苯酚、二甲苯、苯胺等苯及苯的衍生物，主要来自钢铁、化肥、农药、炼油、染料、医药等工业废水；来自农药制造厂废水的有机氯、有机磷农药，可直接进入土壤的农药，大部分被土壤吸附，农作物从土壤中吸收农药，在植物根、茎、叶、果实和种子中积累，通过食物、饲料危害人体和牲畜的健康；来自炼油、炼焦废水的苯并芘等。

2. 无机污染物

无机污染物主要指来自工业废水、废渣中的重金属及其盐类，如汞、镉、铬、铅、砷等。还包括氰化物、氟化物、硫化物等有毒无机物，铯、锶、铀等放射性污染物以及无机酸、无机碱、无机盐等。汽油中添加的防爆剂四乙基铅随废气排出污染土壤，使行车频率高的公路两侧常形成明显的铅污染带。砷被大量用作杀虫剂、杀菌剂、杀鼠剂和除草剂，硫化矿产的开采、选矿、冶炼也会引起砷对土壤的污染。汞主要来自厂矿排放的含汞废水。土壤组成与汞化合物之间有很强的相互作用，积累在土壤中的汞有金属汞、无机汞盐、有机络合态或离子吸附态汞。所以，汞能在土壤中长期存在。镉、铅污染主要来自冶炼排放和汽车尾气沉降，磷肥中有时也含有镉。

二、农业污染源

农药、化肥及污水灌溉对土壤的污染，虽然部分是工业产品和工业废水造成的，但主要还是由于农业活动引起的，因此，把它们归为农业污染源。

1. 化学农药

无论是哪一种农药，施用方式主要有浸种、拌种、撒施、喷施等，除直接与作物接触外，大部分农药均散落在土壤表面，撒落在叶片上的农药也可由于降水而带入土壤，从而在土壤中残留，造成土壤污染。如果该农药是高残留的类型，就将在土壤中长期留存，产生严重的后果。残留期最长的是有机氯农药，如DDT 可残留 30 年，六六六的残留期也达 6.5 年，逐年累积造成严重的土壤污染。

2. 化学肥料

化肥对粮食和农产品产量的增长起了很重要的作用，但如果

用量过大，也会给土壤造成一定的影响。如大量施用化学氮肥可导致硝酸盐的积累，磷肥中含有少量的重金属和放射性元素，长期施用，一方面导致非营养物质积累；另一方面有可能造成土壤重金属污染或放射性污染。

污泥作为肥料施用，常使土壤受到重金属、无机盐、有机物和病原体的污染。工业固体废物和城市垃圾向土壤直接倾倒，由于日晒、雨淋、水洗，使重金属极易移动，以辐射状、漏斗状向周围土壤扩散。

3. 污水灌溉

由于水资源日益紧张，工业废水和城市生活污水便成为城市近郊农业的主要水源。由于未经处理或未达到排放标准的工业污水中含有重金属、酚、氰化物等许多有毒有害的物质，污水灌溉使之在土壤中不断积累，通过食物链造成对人畜的危害。污水灌溉不仅污染土壤，还通过渗漏污染地下水，影响饮用水水质。

4. 农用塑料薄膜

塑膜在使用时，由于长期暴露在空气、日光下不断老化，变硬变脆，农作物收获后很难整片回收，大部分散落在农田表面，随着翻耕被带入耕作层内。由于塑料制品很难分解，在土壤中形成隔离层，如不及时清除，逐年积累，必然会影响土壤水、肥、气、热的运移；土壤耕性变差；对农作物根系的伸展和作物种子萌发、幼苗生长不利，成为污染土壤的来源之一。

三、生活污染源

人类的消费活动向外界环境排放大量的废水和垃圾，其中，对土壤污染较为严重的有生活污水污泥、垃圾和粪便。生活垃圾的成分十分复杂，如果不进行科学分选和适当的消毒灭菌处理，土壤容易形成生物污染，成为某些病原菌的疫源地。城市生活垃圾、采矿废渣、工业废渣、污泥等物质进入农田，可导致严重的土壤污染。

第二节　污染土壤修复实用技术

对于土壤污染，必须贯彻“预防为主、防治结合”的环境保护方针，首先必须控制和消除污染源，同时，应看到土壤有较大的净化能力，应充分利用土壤的这一特性。

一、控制和消除污染源

控制和消除污染源是控制土壤污染的根本措施，没有污染源就不会造成土壤及其他环境污染问题。但在目前社会发展速度下，产生污染物的量远大于土壤本身的净化能力应采取有效措施控制和减少污染源以及污染物进入土壤的数量和速度。

（1）控制和消除“三废”排放，积极治理工业废水、废气、废渣，可大力推广闭路循环和无毒工艺，或进行回收处理，化害为利，这样既实现了资源和能源的综合利用，又减少了污染，保护了环境。“三废”在排放时，应严格控制污染物的排放量和浓度，严格遵守污染物排放标准，在排放前做好处理工作，若排放物中有重金属，在处理中就要使之除去，避免其进入环境参与循环。

（2）加强污灌区的监测和管理对污水灌溉区要加强管理和监控，及时了解污染物的成分、浓度及其动态，控制污水灌溉数量，避免污水资源滥用。为此，要做到以下几点：①在污灌之前，污水必须经过一段时间的定期测定分析，确保污水符合标准。②要限制污灌作物和污灌时间。污水不宜灌溉生吃蔬菜。牧草放牧前7~10天，蔬菜上市前10天，马铃薯开花前，要停止污灌。③污灌区必须配备清水水源，以便在发现问题时及时采用清水灌溉。④加强污灌试验研究，提高污灌技术，使作物正常生

长，保证品质。

（3）控制城市污泥肥料的使用。城市污泥中含有较多的有机物和一定数量的营养元素，既可作为作物生长的重要肥源，又可改良土壤结构。但大多数污泥中含有重金属、病原菌或其他污染物，如果不加控制滥用，有可能造成土壤的严重污染。因此，对污泥的使用要按国家的有关要求和规定进行。同时，污泥在应用前还必须进行无害化处理，经过高温堆腐或消化处理，以杀死病原菌和寄生虫卵，促进营养物质速效化。

（4）合理施用农药。合理使用农药，淘汰高毒高残留农药，研制开发高效、低毒、低残留农药，大力加强生物防治技术研究，是解决农药对作物和土壤污染最根本的途径。严格农药的管理和监测，禁用或限用剧毒高残留农药，合理施用农药，减少用药量，提高防治效果，降低对土壤和农产品的污染。

（5）合理施肥。施肥是提高农作物产量和质量的一种有效方法，但过量施用肥料，不仅会引起作物减产、降低品质、提高成本，还可能造成诸如大量施用氮肥使农作物和土壤中硝酸盐、亚硝酸盐含量增加，大量施用磷肥导致土壤重金属污染和放射性污染等，最终影响人体健康。合理施肥的含义包括采用合理的施肥量和施肥方法，合理搭配肥料种类，尽量采用有机肥源，适量配施无机肥料。因此，清洁施肥、测土配方施肥技术，既避免盲目施肥，使作物既能“吃饱”肥料又不过量、不浪费；推广化肥深施技术；施用硝化抑制剂、脲酸抑制剂等，防止氮肥挥发、流失；推广应用控释肥等新型肥料，提高肥料利用率。二是提倡施用有机肥料，人粪尿、猪牛羊粪、鸡鸭鹅尿、瓜皮果壳、地面上的树叶及河塘沟泥等，均是良好的有机肥，应广为收集、合理利用作有机肥料，对农产品生产有非常重要的作用。建好、管好农村户用沼气池，充分利用发酵后的沼液或沼渣作肥料，作物秸秆应直接覆盖或经堆沤腐熟后还田作肥料。

二、增加土壤容量，提高土壤净化能力

土壤本身所具有的净化能力是消除减缓土壤污染的一个重要特性，要预防土壤污染，需采取合理措施，提高土壤对污染物的容纳量，使污染减轻到最低限度，如增施有机肥，促进土壤熟化和团粒结构的形成，增加或改善土壤胶体的种类和数量，均可增加土壤容量，使土壤对有害物质的吸附能力加强，增加吸附量，从而减少污染物在土壤中的活性。分离培养和开发能分解和转化污染物的微生物种类，以增强微生物降解作用，提高土壤净化能力，是近年来发展较快的新途径。

三、工程措施治理土壤污染

工程措施治理土壤污染包括客土、换土和深翻。客土就是向污染土壤中加入大量干净土壤，覆盖在表层或混匀，使污染物浓度降低或减少污染物与植物根系的接触，达到减轻危害的目的。换土就是把污染土壤取走，换入新的干净的土壤，该方法对小面积严重污染且污染物又易扩散难分解的土壤是有效的，可以防止扩大污染范围，但换出的污染土壤要合理处理，以免再度形成污染。在污染较轻的地方或仅有表土污染的地方，可将表层污染土壤深埋到下层，使表层土壤污染物含量减低。

四、因地制宜改变耕作制度或改为非农业用地

耕作制度主要包括耕作制、轮作制和施肥等多方面内容。如根据作物根系深度及地下水深度等对土地适当翻耕，加速污染物质分解，减少对作物污染。轮作制的改变，如旱地改为水田后，可加速有机氯农药如 DDT 等的降解速度，从而降低和消除农药污染。利用农业生态工程的食物链解链技术，在污染土壤种植非人畜食用的农业植物，既可避免污染物进入食物链，还可逐步降

低土壤中污染物浓度。

对于污染严重又难于治理的某些农田，若污染物不会直接对人体产生危害，在必要的时候可优先考虑改为建筑用地或其他非农业用地。

五、其他防治土壤污染的措施

增施抑制剂对于重金属污染的土壤，施用石灰、磷酸盐、硅酸盐等，使之与重金属污染物生成难溶性化合物，降低重金属在土壤及植物体内的迁移，减少对生态环境的危害。

第八章　农用化学品污染及其防治

第一节　农药的污染和防治

一、常用农药剂型

为了方便使用，农药被加工成不同的剂型，常见的剂型有以下几种。

（1）粉剂。粉剂不易被水湿润，不能对水喷雾用，一般高浓度的粉剂用于拌种，制作毒饵或土壤处理用，低浓度的粉剂用作喷粉。

（2）可湿性粉剂。在原药中加入一定量的湿润剂和填充剂，经机械加工成的粉末状物，可对水喷雾用。

（3）乳油。原药加入一定量的乳化剂和溶剂制成的透明状液体。乳油适于对水喷雾用，用乳油防治害虫的效果比同种药剂的其他剂型好，残效期长，因此，乳油是目前生产上应用最广的一种剂型。

（4）颗粒剂。原药加入载体（黏土、煤渣、玉米芯等）制成的颗粒状物。粒径一般在 250～600 微米，如 3%呋喃丹颗粒剂，主要用于土壤处理，残效长，用药量少。

（5）烟雾剂。原药加入燃料、氧化剂、消燃剂、引芯制成。点燃后燃烧均匀，成烟率高，无明火，原药受热气化，再遇冷凝结成漂浮的微粒作用于空间，一般用于防治温室大棚、林地及仓

库病虫害。

（6）超低容量制剂。原药加入油质溶剂、助剂制成。专门供超低容量喷雾，使用时不用对水而直接喷雾，单位面积用量少，工效高，适于缺水地区。

（7）可溶性粉剂（水剂）。用水溶性固体农药制成的粉末状物。可对水使用，成本低，但不宜久存，不易附着于植物表面。

（8）片剂。原药加入填料制成的片状物。如磷化铝片剂。

（9）其他剂型。熏蒸剂、缓释剂、胶悬剂、毒笔、毒绳、毒纸环、毒签、胶囊剂等。

二、化学农药使用对环境的污染途径

（一）化学农药使用对大气的污染

化学农药使用对大气的污染来源和途径如下。

（1）地面或飞机喷洒农药时，漂浮于空中的药剂微粒；

（2）水体、土壤表面残留农药的挥发等；

（3）农药生产、加工企业排放废气中的农药漂浮物；

（4）卫生用药的喷雾，或农产品防蛀时等进行的熏蒸处理。

种植业使用的农药面积最广、数量最多，因此，成为大气中农药污染的主要来源。进入大气的农药或被大气飘尘吸附，或以气体、气溶胶的形式悬浮在空气中，随着气流的运动使大气污染的范围不断扩大，有的甚至可以飘到很远的地方。研究显示，即使在从未使用过化学农药的珠穆朗玛峰，其积雪中也有持久性农药“六六六”的检出。

（二）化学农药使用对土壤的污染

化学农药使用对土壤的污染来源和途径如下。

（1）以防治地下病害为目的直接在土壤中施用的农药；

（2）喷雾施用时滴落到土壤中的农药；

（3）随大气沉降、灌溉或施肥等方式进入土壤中的农药。

进入土壤的农药被黏土矿物或有机质吸附，其中，有机质吸附的农药约占土壤总吸附量的70%~90%，成为导致土壤酸化、有机质含量下降等土壤质量恶化的重要因素。据测算，我国受化学农药污染的土壤面积高达667万公顷，占可耕地面积的6.39%，农田土壤中农药残留检出率较高，如上海市地区2 413个土壤样点中农药滴滴涕的检出率高达98.12%，其中，176个样点的滴滴涕含量甚至超过国家土壤环境标准中的I级标准。

（三）化学农药使用对地表水和地下水的污染

化学农药使用对地表水和地下水的污染来源和途径如下。

（1）大气中随降水进入水体的农药；

（2）土壤残留农药随地表径流或农田排水进入地表水体、或向下淋溶进入地下水；

（3）直接用于水体的农药，或在水体中清洗施药器械；

（4）农药厂向水体中排放的废水。

（四）化学农药使用对农作物的污染

化学农药使用对农作物的污染来源和途径如下。

（1）直接施用在农作物上的农药通过植株表皮吸收进入作物体内；

（2）作物通过根系将残留于土壤中的农药吸收，经过体内的迁移、转化后将农药分配在整个植物体内；

（3）作物植株通过呼吸作用吸收的大气中农药；

（4）大棚作物使用的农药熏蒸剂，或农产品贮存时使用的保鲜喷药等。

（五）化学农药使用对环境生物的污染

化学农药对环境非靶标生物的污染和暴露途径如下。

（1）施药过程中，通过经口或经皮途径对非靶生物的暴露；

（2）施药后污染非靶生物栖息地，生物通过摄取受污染的食物、饮水，或接触到受污染的空气、土壤、水；

（3）生物将颗粒型农药误认为是粗沙或种子而食入等；

（4）食物链的传递难降解，生物富集性强的农药可以在不同的生物体内逐级传递、浓缩。

三、农药污染的防治

（一）明确农药环境污染防治管理职责，加强各流程监管

进一步明确农业、环保、工信等部门在农药的生产、经营、运输、贮存、使用和废弃物处置等不同环节中的监管职责，根据职责范围分别制定农药环境监管制度，相互衔接、充分协调，有效地落实农药监管职能。

（二）健全农药废弃物环境管理制度，实现农药废弃物统一回收处理

建立针对农药废弃物管理的专门条例、法规，开展农药废弃物回收和处置管理制度和配套研究，通过学习其他国家的管理模式、处置技术，结合现有农药废弃物管理试点经验，制定和建立出符合实际、便于操作的农药废弃物管理实施细则和配套技术，使农药废弃物回收和处置有章可循、有法可治。

（三）提升农药环境污染监测能力，开展农药环境污染状况综合评估

提升农药环境污染监管能力，一是要提高基层环境监测机构人员的技术能力，改善设备条件，提升监测能力；二是开展农药环境质量标准基础研究，制定土壤、水等环境介质中不同农药污染控制阈值，为监测评估提供评判依据。

（四）推广农药科学使用技术，树立农民的环保意识

建立高效的农药使用技术推广体系是防控农药环境污染的重要措施。通过借鉴他国先进经验，结合我国实际情况，建立由农业管理部门、农业协会、科研院所等共同参与的农药使用技术推广平台，形成优势互补的良好农药使用技术推广体系。

第二节　肥料的污染机理和防治措施

一、肥料的种类

肥料是施于土壤或植物的地上部分，能改善植物的营养状况，提高作物产量和品质，改良土壤性质，预防和防止植物生理性病害有机或无机的物质。或者说“肥料是直接或间接供给作物所需养分，改善土壤现状，提高作物产量和品质的物质”。植物体内矿质元素元素种类很多，健全植物体内可检出70多种。但其中植物所必须的矿质元素有氮、磷、钾“三要素”，钙、镁、硫“三中素”和硼、锰、锌、铜、钼、铁、氯“七微素”13种。再加上空气和水提供的碳、氢、氧“三大素”共16种元素是植物必不可缺少的。由于碳、氢、氧存在于空气和水中，并不需要人工去补充，所以，简单地说，肥料就是为植物补充前面所说的13种元素为主。

（一）肥料分类

（1）按含养分多少可分为单质肥料、复合（混）肥料、完全肥料3种。

（2）按作用可分为直接肥料、间接肥料、刺激肥料3种。

（3）按肥效快慢可分为速效肥料、缓效肥料2种。

（4）按形态可分为固体肥料、液体肥料、气体肥料、光肥、电肥、磁肥、声肥7种。

（5）按作物对营养元素的需要可分为大量元素肥料、中量元素肥料、微量元素肥料3种。

（6）按化学成分、生物活性、作用效果可分为有机肥料、无机肥料、生物肥料等3种。

（二）常见化肥的种类及功效

1. 氮肥

氮素分为铵态氮、硝态氮、酰胺态氮 3 种，它们性质有明显的区别，施有方法也不尽相同。

（1）铵态氮（即氮素以 NH_4^+ 或 NH_3 的形成存在，如氨水、硫酸铵、碳酸氢铵、氯化铵）易被土壤吸附，流失较少，在旱地和水田都适用，且既可做基肥又可做追肥。

（2）硝态氮（即氮素以 NO_3-N 的形态存在，如硝酸钠、硝酸钙、硝酸铵）不能为土壤所吸附，施入土壤后，只能溶于土壤溶液中，随土壤水移动而移动，灌溉或降水时容易淋失，并且在水稻田中经常发生反硝化作用，从而丧失肥效，因此，不宜在水田使用，只适用于旱地，而且一般只适宜做追肥，不适宜做基肥。

（3）酰胺态氮（即氮素以-CO-NH_2的形态存在或水解后能生成酰胺基的氮肥，如尿素，氰氨化钙）适宜于各种土壤和作物，既可做基肥，也可做追肥。

2. 磷肥

有效磷（中性柠檬酸铵溶性磷）分为水溶性磷、枸溶性磷（也称为 EDTA 溶性磷）、难溶性磷 3 种，水溶性磷肥效快，适用于各种作物各种土壤，既可以做基肥，又可做追肥。铵溶性磷也称为弱酸溶性磷肥，适宜于中性或酸性土壤上施用，在石灰性土壤上施用效果较差，一般只做基肥，难溶性磷的溶解度低，只能溶于强酸，因此，只在土壤酸度和作物根茎的作用下，才可逐渐溶解并吸收，但过程十分缓慢。

3. 钾肥

钾肥主要有硫酸钾、氯化钾、碳酸钾，其中，硫酸钾和碳酸钾适用于各种作物和土壤，而氯化钾不宜在忌氯作物和盐渍土上施用。

4. 中量元素肥料

中量元素肥料，是指在作物干物质组分中，钙、镁、硫的含量一般在百分之一到万分之一，称为中量元素，含有这些元素的肥料称为中量元素肥料。包括钙肥（如石灰、氯化钙）、镁肥（如硫酸镁、无水钾镁矾）和硫肥（如硫黄、石膏）。它们只局限于在某些土壤和作物上施用。

5. 微量元素肥料

微量元素包括硼、锌、钼、铁、锰、铜等营养元素。在微量元素肥料中，通常以铁、锰、锌、铜的硫酸盐、硼酸、钼酸及其一价盐应用较多。

6. 氮磷钾无机复混肥料

无机肥料是指工厂制造或自然资源开采后经过加工的各种商品肥料，或是作为肥料用的工厂的副产品，是不包含有机物的各种矿质肥料的总称。在农作物生长发育所必不可缺少的 16 个元素中，碳、氢、氧三大素由大气中源源不断供给而不需要人为的多去施用。共占作物体干重的 95%以上，而要人为大量施入和大量提供的无机物矿质元素占植物总量的 4%~5%。

7. 有机肥料

有机肥料是指肥料中含有较多有机物的肥料，也称农家肥，是一种速效性缓效性兼有的肥料，也基本上是一种完全肥料，一般做基肥施用，适用于各类土壤和各种作物。

二、肥料的污染

（一）化肥污染对土壤的危害

化肥对土壤的污染有隐蔽性的特点，土壤质量的下降是一个累积的过程，故而化肥对土壤的污染不能够受到足够的重视。

制造化肥的原料中，含有多种重金属元素，这些重金属会随着施肥的过程进入到土壤中，并且重金属元素不能够通过微生物

降解，会随着植物的吸收进入生物链，通过食物链不断在生物体内富集，重金属元素进入生物体后，难以消除，危害健康。

过量施用化肥还会导致土壤酸化，过磷酸钙、硫酸铵、氯化铵等都属于生物酸性肥料，即植物吸收肥料中的养分离子后，土壤中氢离子增多，易造成土壤酸化。氮肥在土壤中会发生硝化反应产生硝酸盐，这个过程会产生交换性氢离子，土壤吸附性复合体接受了一定数量的这种交换性氢离子，使土壤中的碱性离子淋失，我国北方土壤中含有大量铝的氢氧化物，土壤酸化后可加速土壤中原生矿物和次生矿物风化而释放出大量铝离子，形成植物可以吸收的铝化合物，植物长期和过量的吸收铝，会中毒甚至死亡。

化肥还会降低土壤微生物活性减少蚯蚓等有益生物，土壤微生物具有转化有机质、分解矿物和降解有毒物质的作用，蚯蚓以土壤中的动植物碎屑为食，经常在地下钻洞，把土壤翻得疏松，使水分和肥料易于进入而提高土壤的肥力，有利于植物的生长，并且富含腐殖质的蚓粪是植物生长的极好肥料，我国化肥施用结构不合理，氮肥的施用量高而磷肥、钾肥和有机肥的施用量低，这会减少土壤微生物和有益生物的减少。

过量施用化肥，可使土壤中的一些离子数量发生改变至使土壤结构被破坏，导致土壤板结，进一步影响土壤微生物的生存，化肥无法补偿有机质的缺乏，造成有机质含量下降，新中国成立初期，我国大部分土地有机质含量为 7%，现在下降至 3%~4%，流失速度是美国的 5 倍。

（二）化肥污染对水体的危害

未被植物吸收利用的氮素随水下渗或流失，造成水体污染。从全国来看，化肥氮平均损失率约为 45%，有资料显示，南方有 90%以上的地面水、耕地和 100%的地下水受到了不同程度的污染。

氮肥一旦进入地表水，会使地表水中的营养物质增多，造成水体富营养化，水生植物及藻类大量繁殖，消耗大量的氧，致使水体中溶解氧下降，水质恶化，生物的生存受到影响，有时候严重的话还会造成鱼类死亡，破坏水环境，进而影响人类的生产和生活。

化肥施用在农田后，会发生解离，从而形成阳离子和阴离子，一般的阴离子是硝酸盐、亚硝酸盐和磷酸盐，这些阴离子随淋失而进入地下水，导致地下水中硝酸盐、亚硝酸盐及磷酸盐含量增高。硝氮、亚硝氮的含量是反映地下水水质的一个重要指标，其含量过高则会对人畜直接造成危害，使人类发生病变，严重影响身体健康。

（三）化肥污染对大气的危害

化肥容易发生分解挥发，再加上不合理的施用化肥会对大气造成污染。氮肥在施用于农田的时候，会发生氨的气态损失；施用后直接从土壤表面挥发成氨气和氮氧化物进入到大气中，大气中氨质量浓度的本底值为 2 微克/立方米，这是动植物能正常代谢吸收和释放的浓度。大气中氨的浓度过量，会危害人和动植物健康。氮氧化物在近地面通过阳光的作用会与氧气发生反应，形成臭氧，产生光化学烟雾，并刺激人畜的呼吸器官。氧化亚氮进入到臭氧层后，会与臭氧发生反应，消耗掉臭氧，使臭氧层遭到迫坏，就不能够阻挡紫外线穿透大气，强烈的紫外线对生物有极大的危害，如增加皮肤癌的患者。

（四）化肥污染对人体健康的影响

氮肥施用过多的蔬菜，其硝酸盐含量比正常情况高出很多，人畜食用这种蔬菜后，硝酸盐在人体内转化为亚硝酸盐，亚硝酸盐一方面与体内胺类结合生成强致癌物—亚硝胺，导致肠癌、胃癌、直肠癌等；另一方面，与血液中的铁离子结合，导致高铁血红素蛋白症，使人出现行为反应障碍，头晕目眩，意识丧失等症

状，严重的还危及生命。

三、肥料污染的防治

（一）加大化肥污染的宣传力度，提倡使用农家肥有机肥

目前，大多数农民还没有意识到化肥对环境和人体健康造成的潜在危险。故而，要加大化肥污染的宣传力度，完善农村环保农技科普机制，提高群众的环保意识，使人们充分认识到化肥污染的严重性。提倡使用农家肥、有机肥，以农作物的秸秆，动物的粪便以及各种植物为原料，利用沼气池产生沼液制作高质量的农家有机肥，施用有机肥能够增加土壤有机质、土壤微生物，改善土壤结构，提高土壤的吸收容量以及自净能力，增加土壤胶体对重金属等有毒物质的吸附能力。各地可根据实际情况推广豆科绿肥，如实行引草入田、草田轮作、粮草经济作物带状间作和根茬肥田等形式种植。因为豆科植物在生长时会有固氮菌进行固氮，豆科植物的秸秆含有吩咐的氮。这种利用生态固氮的方式应该加以推广。

（二）改进施肥方式，正确施肥

正确施肥首先要使化肥的施用量合理，化肥的挥发、随径流的损失、渗漏淋失在一定程度上都与施肥量正相关，所以，减少化肥流失的关键是源头控制，即减少化肥用量。要综合考虑作物种类、目标产量、土壤养分状况、其他养分输入情况、环境敏感程度，确定施肥量，以保证作物高产，收获后土壤基本无残留。深层施氮，肥效长而稳，后劲足，既可减少直接挥发损失、随水淋失及反硝化脱氮，还可减少杂草、稻田藻类对氮肥的消耗，而且有利于农作物根系发育。氮肥在稻田深施，利用率一般在 50% 以上。

（三）施用硝化抑制剂

硝化抑制剂又称氮肥增效剂，能够抑制土壤中铵态氮转化成亚硝态氮和硝态氮，提高化肥的肥效和减少土壤污染。由于硝化细菌的活性受到抑制，铵态氮的硝化变缓，使氮素较长时间以铵的形式存在，减少了对土壤的污染。

(四) 加强土壤肥料的监测管理

注重管理，严格化肥中污染物质的监测检查，防止化肥带入土壤过量的有害物质。制定有关有害物质的允许量标准，用法律法规来防治化肥污染。发达国家为防止化肥污染而设置的氮肥施用量安全上限为每年 N 225 千克/公顷，作物收获后 1 米土层的氮素残留量不超过 50 千克/公顷。欧洲国家近年来每季作物的施氮量普遍降低到 120 千克/公顷左右。

(五) 选择适宜的耕作措施和灌溉方式

在坡度大的地区，容易发生侵蚀和径流，应采取保护耕地措施，减少土壤侵蚀和化肥随径流的流失；在平原地区，渗漏是化肥的主要流失方式，要控制排水保持土壤湿度。采用喷灌、滴灌、雾灌技术是节水保肥的重要途径。在旱作上提倡采用滴灌、喷灌，尽量减少大水漫灌，减少径流和渗漏。

第三节　地膜污染的危害与防治

一、地膜污染

农膜覆盖栽培是 1978 年自日本引进的一项成功的农业增产技术，是我国传统农业技术向现代化、集约化发展的重大技术改革。目前，已在全国 32 个省、市、自治区的 40 多种农作物上大面积推广使用。到 1998 年年底，我国地膜覆盖面积达到 1.05 亿亩，棚膜设施栽培面积达到 1 260万亩，成为世界上最大的农膜生产国和使用国。农膜在我国温饱工程、菜篮子工程和现代化农业中发挥着极其重要的作用，被誉为农业生产中的“白色工

程”。但是农膜尤其是地膜均系高分子化合物聚乙烯和聚氯乙烯，属于不可分解塑料。废膜如果滞留在土壤中，将形成永久性白色垃圾，就是所谓的农业用膜污染，又称农业“白色污染”。

（一）污染土壤

土壤渗透是由于自由重力，水向土壤深层移动的现象。地膜残片影响土壤含水率、土壤容重、土壤孔隙率、土壤透气性和渗透性。由于土壤中残膜碎片改变或切断土壤孔隙连续性，致使重力水移动时产生较大的阻力，重力水向下移动较为缓慢，削弱了耕地的抗旱能力，甚至导致地下水难下渗，引起土壤次生盐碱化等严重后果。另外，残留地膜影响土壤物理性状，抑制农作物生长发育。地膜在土壤中抗机械破碎性强，妨碍气、热、水和肥等的流动和转化，若长期滞留地里，使土壤的物理性结构变差，养分运输困难，最终造成减产。

（二）破坏土壤结构，造成作物减产

由于残膜影响和破坏了土壤物理化性状，必然造成作物根系生长发育困难。土壤中的残膜，阻止作物根系串通，影响正常吸收水分和养分；作物株间施肥时，如有大块残膜隔离，影响肥效，致使产量下降。试验统计结果表明：连续使用农膜 2 年以上的麦田，每亩残留农膜达 6.9 千克，小麦减产 9%；连续使用 5 年的麦田，每亩残留农膜达 25 千克，小麦减产 26%。

（三）对畜牧业的危害

地面露头的残膜与牧草收在一起，牛羊误吃残膜后，阻隔食道影响消化，甚至死亡。严重影响畜牧业的发展。地膜制品中的增塑剂具有低水溶性和显著的生物累积性，可通过土壤系统对作物产生毒害，进一步通过各种途径威胁粮食安全，影响人畜健康。

（四）对农村景观环境的影响

由于地膜用量逐年增加，而残膜的回收利用率低，加上处理回收残膜不彻底，部分清理出的残膜被简单的填埋或者弃于田边、地头，大风刮过以后，残膜被吹至房前屋后、田间、树梢，影响农村环境景观，造成“视觉污染”。当其积存于农田排灌区系中，会造成排灌水体污染，影响排灌质量。残留地膜还可能缠绕在耕作机器的轮盘上，影响田间作业。

二、地膜污染的防治

随着农膜的广泛使用，农膜污染日益加剧，已经严重影响了我国农业的可持续发展 。因此，加强农膜污染防治势在必行。根据我国农膜污染现状，参考国内外成功经验，防治农膜污染的策略和主要措施如下。

（一）通过合理的农艺措施，相对减少农膜使用量

农膜覆盖技术已经在农业生产中取得了巨大成功，因此，不可能通过减少农膜覆盖面积来减少农膜使用量减轻农膜污染。但是，我们可以加强“白色工程”中各种配套农艺措施的研究，通过合理的农艺措施，增加农膜的重复使用率，相对减少农膜的用量，减轻农膜污染。如“一膜两用”“一膜多用”、早揭膜、旧膜的重复利用、农业生产组合等成熟的技术已经在农业生产中得到广泛应用，并取得了一定的经济效益和环境效益。

（二）加强农膜的回收管理

对于破废农膜污染，目前还没有切实可行的防治技术，只能通过经济手段和加强管理，促进对破废农膜的回收。日本作为使用农膜最早的国家，其“白色污染”并不严重，重要一点是日本法律明确规定，不管使用何种农膜，农作物收割之后，不允许土壤中含有残存农膜，否则，将被罚款。因此，我国应尽快制定综合治理农膜对土壤环境污染的方案，并建立相应的政策和法规，对农膜质量加强管理，规定每年翻耕土地时，要将残膜尽量

拣拾起来，集中处理，制定收购、加工废旧农膜的方案，彻底消灭农膜污染。

1. 宣传引导

通过多种形式，广泛宣传废旧农膜污染的危害，提高农民的环境意识，增强土地的资源意识和保护环境的责任感。通过各级农业技术推广机构和环境保护部门，特别是基层农业干部，发动群众积极参与清除农田废膜活动，指导农民把破废膜回收起来，防止破废膜在土壤中积累，禁止把农田清除的农膜放在地边燃烧，造成二次污染 。

2. 加强农膜产品的质量监控

为便于回收加工利用和“一膜多用”，轻工业部颁布实施了《聚乙烯吹塑农用地面覆盖薄膜质量标准》（GB13735-92），要求地膜“高强度、低成本、耐老化、易回收”，并提出定点生产的要求。然而，我国年产地膜 82 万吨，总生产厂家 500 多个，其中，国家定点生产厂家只有 293 个。非定点厂家在数量上和定点厂家差不多，且多是乡镇企业、个体私营企业。其生产不规范，产品质量很难保证，增加了回收加工的难度。因此，应取缔非定点企业的农膜生产。同时，要坚决贯彻执行《低密度聚乙烯树脂（农膜原料）质量标准》（GB11115-89），做到生产农膜应使用农膜专用料，并就生产过程、产品质量检验等环节加强对定点企业的监控，提高农膜质量 。

3. 清除农膜机械化

农膜的人工清除劳动强度大、费时，影响了农民回收农膜的积极性。因此，应有计划地组织塑料机械研究所、农业机械研究所、农业科学研究所和大专院校集中力量研制并大力推广清除农膜的工具、机具这类设备要简便易行，能清除大于 16 平方厘米的农膜，并能与我国各地的农业机械相匹配，在翻耕地、耙地时，将废农膜清除，提高回收效率。

4. 建立收购和加工制度

运用经济手段和政策倾斜，鼓励和促进废旧农膜资源化。建立回收系统，以适当的价格收购农民从农田中拣出的废膜，对回收农膜的农民给予奖励，促进对农膜的回收。同时，应建立一种制度，在农民购买新农膜时必须交一定的破废农膜，或以旧换新，或收取一定数量的押金，促使农民将农膜回收。

（三）开发可降解农膜

农膜因为难降解而成为“白色污染”，解决农膜降解问题是防治“白色污染”的关键。我国已经把它列入国家重点科研攻关计划。目前，国内外正在研究和开发的可降解塑料农膜主要有：光降解、生物降解、光/生物降解、水溶性降解几大类。其中，光/生物降解塑料技术是国内外主要开发方向，集中了2项技术的综合优势。我国一些厂家已经开发生产出可降解地膜，并投放市场。然而，至今可降解地膜还没有国家质量标准，只有各个生产厂家自己制定的质量标准。因此，质量不统一，管理困难。

（四）应用合适的替代品

纸质地膜在日本研究较早，如今已经广泛应用到农业生产中。纸质地膜根据产品性能可以分为五类：经济合理型、纤维网型、有机肥料型、生化型、化学高分子型。纸质地膜具有一定的耐水性、耐腐蚀性和透气性，既能保持水分、集中水分，又能预防病虫害，是很好的传统农膜替代品。

参考文献

陈善平，赵爱华，赵由才 . 2017. 生活垃圾处理与处置［M］. 郑州：河南科学技术出版社 .

李郇，陈伟，黄耀福 . 2019. 农村美好环境与幸福生活共同缔造工作指南［M］. 北京：中国建筑工业出版社 .

王罗春 . 2019. 农村农药污染及防治［M］. 北京：冶金工业出版社 .

赵金龙，刘宇鹏，甄鸣涛 . 2009. 农村资源利用与新能源开发［M］. 北京：中国农业出版社 .

赵由才，牛冬杰，柴晓利，等 . 2012. 固体废物处理与资源化（2 版）［M］. 北京：化学工业出版社 .

赵由才 . 2015. 固体废物处理与资源化技术［M］. 上海：同济大学出版社 .